住房城乡建设部研究项目资助
北京市科技新星计划交叉项目资助

建筑材料防火性能监管研究

主　编　周　彪
副主编　徐晓楠　马鲜萌　王　芳　王　伟
　　　　郑　斌　杨　亮　陶振翔

中国建设科技出版社 有限责任公司
China Construction Science and Technology Press Co., Ltd.
北　京

图书在版编目（CIP）数据

建筑材料防火性能监管研究/周彪主编．--北京：中国建设科技出版社有限责任公司，2025.5．
-- ISBN 978-7-5160-4440-7

Ⅰ．TU545

中国国家版本馆 CIP 数据核字第 2025BA6750 号

内 容 简 介

本书共 4 章，通过对国内外建筑材料防火性能及其监管制度的总结和论述，为我国建筑材料防火性能监管体系完善提供了理论支撑与实践参考，具有较强的知识性、技术性和系统性。

本书主要作为高等院校安全工程、消防工程和建筑材料学等相关专业研究生的教材使用，也可供消防技术人员和科研院所研究人员参考使用。

建筑材料防火性能监管研究
JIANZHU CAILIAO FANGHUO XINGNENG JIANGUAN YANJIU
主　编　周　彪
副主编　徐晓楠　马鲜萌　王　芳　王　伟　郑　斌　杨　亮　陶振翔

出版发行：	中国建设科技出版社有限责任公司
地　　址：	北京市西城区白纸坊东街 2 号院 6 号楼
邮　　编：	100054
经　　销：	全国各地新华书店
印　　刷：	北京雁林吉兆印刷有限公司
开　　本：	787mm×1092mm　1/16
印　　张：	8.75
字　　数：	200 千字
版　　次：	2025 年 5 月第 1 版
印　　次：	2025 年 5 月第 1 次
定　　价：	58.00 元

本社网址：www.jskjcbs.com，微信公众号：zgjskjcbs
请选用正版图书，采购、销售盗版图书属违法行为
版权专有，盗版必究。本社法律顾问：北京天驰君泰律师事务所，张杰律师
举报信箱：zhangjie@tiantailaw.com　举报电话：（010）63567684
本书如有印装质量问题，由我社事业发展中心负责调换，联系电话：（010）63567692

前　言

建筑材料的防火性能直接关系到建筑的安全性和人们的生命财产安全。近年来，国内外发生的多起建筑火灾事故，引起了人们对建筑材料防火性能监管制度的关注。建筑材料的防火性能监管制度是保障建筑安全的重要手段，因此有必要对国内外建筑材料防火性能监管制度进行比较研究，分析其差异和不足。

鉴于国内外在建筑材料防火性能及其监管制度方面存在差异，通过分析可以有效地了解我国在建筑材料防火性能监管中可能存在的不足，借鉴美国、日本、英国等国在建筑材料防火性能监管制度等方面的经验，为改进我国建筑材料防火性能监管制度提供参考，并提供技术支撑，从而推动我国建筑材料防火性能监管制度的完善和提升，确保建筑安全和人们生命财产安全。因此，有必要对国内外建筑材料防火性能及其监管制度相关的内容进行系统总结和论述，供科研工作者尤其是初步接触建筑材料防火相关领域的研究生学习参考。

中国矿业大学（北京）安全科学与工程教师团队是教育部第三批"全国高校黄大年式教师团队"。团队成员长期从事建筑材料燃烧及火灾防治方面的研究与教学工作，取得了多项研究成果，包括本书研究内容。本书共4章。其中，第1章为绪论部分，包括研究背景、国内外研究现状、研究目标、研究内容、研究方法、技术路线等，主要介绍了建筑材料防火性能及其监管制度的基本情况、课题来源、研究背景；第2章为我国建筑材料防火性能监管现状，包括我国建筑材料定义、我国工程建设项目全生命周期监管定义、建筑材料防火性能质量监管、建筑材料防火性能设计阶段监管、建筑材料防火性能施工阶段监管、建筑材料防火性能使用阶段监管及保险应用，分别从监管主体、责任主体、监管方式、监管流程、罚则等方面来介绍每个阶段的监管情况；第3章主要介绍包括美国、欧盟、英国、日本、新加坡等国家和地区的建筑材料防火性能监管现状；第4章为国内外对比分析研究，主要包括国内外建筑材料防火性能差异、部分国家监管体系对比分析、国内外火灾保险制度对比研究、国内外处罚的对比研究。本书可供高等院校安全工程、消防工程和建筑材料学等相关专业研究生作为教材使用，也可供消防技术人员、科研院所研究人员和高等院校师生参考。

本书主要由中国矿业大学（北京）周彪副教授负责，其研究团队参与了相关工作。其中徐晓楠教授和王芳高工参与了第 1 章的编写工作，杨亮副研究员和马鲜萌高工参与了第 2 章的编写工作，王伟副研究员和郑斌副教授参与了第 3 章的编写工作，陶振翔讲师参与了第 4 章的编写工作，研究生李雨静、赵苗苗、郭依科、李伟、葛慕滢、王旭尧、张俊义、周泓儒、张林森、姚冠华、吴海婷、蒋晨旸、岳启航、郝丹萍，也参与了部分编写工作。住房城乡建设部对我们的科学研究工作给予了资助和鼓励。在此，谨向他们表示衷心感谢。书中难免有不足和错误之处，恳请广大读者批评指正。

周 彪
2024 年 12 月于北京

目　　录

1 绪论 ··· 1
   1.1 研究背景 ·· 1
   1.2 国内外研究现状 ·· 2
   1.3 研究目标 ·· 2
   1.4 研究内容 ·· 3
   1.5 研究方法 ·· 3
   1.6 技术路线 ·· 4

2 我国建筑材料防火性能监管现状 ······························· 5
   2.1 我国建筑材料定义 ·· 5
   2.2 我国工程建设项目全生命周期监管定义 ······················ 6
   2.3 建筑材料防火性能质量监管 ····································· 7
   2.4 建筑材料防火性能设计阶段监管 ······························ 13
   2.5 建筑材料防火性能施工阶段监管 ······························ 17
   2.6 建筑材料防火性能使用阶段监管 ······························ 22
   2.7 保险应用 ·· 25

3 国外建筑材料防火性能监管现状 ······························· 27
   3.1 美国 ··· 27
   3.2 欧盟 ··· 50
   3.3 英国 ··· 66
   3.4 日本 ··· 81
   3.5 新加坡 ·· 95

4 国内外对比分析研究 ·· 112
   4.1 国内外建筑材料防火性能差异 ································· 112
   4.2 部分国家监管体系对比分析 ···································· 123
   4.3 国内外火灾保险制度对比研究 ································· 127
   4.4 国内外处罚的对比研究 ·· 129

参考文献 ··· 131

1 绪 论

1.1 研究背景

截至 2024 年 5 月 20 日，全国共接报火灾 45 万起、死亡 947 人、伤 989 人、直接财产损失 26.8 亿元。与去年同期相比，死亡人数上升 19%，起数、伤人和直接财产损失分别下降 4%、7.7%、28.9%。死亡人数上升主要是由于年初发生的几起重特大火灾事故所造成的。这些事故给人们的生命财产安全带来了极大的伤害。例如，2024 年 7 月 18 日，四川省自贡市九鼎大楼发生的"7·17"火灾事故造成 16 人遇难。2023 年 4 月 18 日 12 时 50 分，北京市丰台区靛厂新村 291 号北京长峰医院发生重大火灾事故，造成 29 人死亡、42 人受伤，直接经济损失 3831.82 万元。2023 年 10 月，国务院常务会议审议通过了北京丰台长峰医院"4·18"重大火灾事故调查报告。经国务院事故调查组调查认定，这起事故是由于医院违法违规实施改造工程、施工安全管理不力、日常管理混乱、火灾隐患长期存在，加之施工单位违规作业、现场安全管理缺失，以及应急处置不力导致的重大生产安全责任事故。2022 年 7 月 6 日凌晨 4 时许，四川省内江经开区一高层住户的家中发生火灾。消防、公安、医疗等应急救援力量迅速出动，但是由于火势猛烈，最终造成 4 人不幸遇难。死者为一家三代，这样的悲剧令人痛心。2022 年 1 月 19 日，辽宁省大连市千山心城一栋临街的居民楼发生了一场可怕的火灾。据悉，火灾起火原因是电线老化引起的短路。2022 年 11 月 24 日，新疆乌鲁木齐市天山区吉祥苑小区的一栋高层住宅楼发生了严重的火灾事故。据了解，起火部位在 15 层，火势蔓延至 17 层，烟气扩散至 21 层。火灾期间，消防部门和救援队伍紧急赶到现场，进行了全面的救援工作。然而，由于火势太过猛烈，导致救援工作难以开展。

这些严重火灾事故的发生表明，建筑材料火灾事故是人们生命财产安全受到威胁的主要来源之一。因此，必须高度重视建筑材料防火性能的监督管理。随着社会的发展和人们对室内环境的要求越来越高，室内装修材料的选择和应用显得愈发重要。传统的装修材料往往存在环境污染、资源消耗和安全隐患等问题。建筑材料的防火性能直接关系到建筑的安全性和人们的生命财产安全。近年来，国内外发生的多起建筑火灾事故引起了人们对建筑材料防火性能监管制度的广泛关注。良好的建筑材料的防火性能监管制度是保障建筑安全的重要手段，当前，有必要对国内外建筑材料防火性能监管制度进行比较研究，深入分析其差异。

1.2 国内外研究现状

建筑材料的防火性能监管制度是保障建筑安全的重要手段。针对国内外在建筑材料防火性能及其监管制度方面存在的差异,部分学者对此展开了讨论与分析。何鹏飞等通过综合材料的分类、火灾危险性、现有防火性能水平,提出了一系列创新的方法和策略,以期在保温和防火之间找到一个有效的平衡点,从而为建筑行业的持续发展提供坚实的安全基础[1]。刘加超分析了当前建筑材料存在的不足,指出成本高昂、外观不够美观、材料功能性不足是导致耐火强度更高的建筑材料难以形成社会共识并广泛推广的重要原因,并分析了下一步建筑防火材料发展和研究的方向,以及如何才能改变当前易燃可燃建筑材料总量居高不下的现状,进而充分发挥建筑防火材料的阻燃作用[2]。刘建志等基于 GB/T 20284—2006《建筑材料或制品的单体燃烧试验》和 GB/T 29416—2012《建筑外墙外保温系统的防火性能试验方法》,针对模塑聚苯乙烯板(EPS)、挤塑聚苯乙烯板(XPS)和硬泡聚氨酯板(PUR)构造的薄抹灰外墙外保温系统进行了防火性能研究和探讨[3]。李晓丽探讨了高层民用建筑室内装修防火设计的关键性和重要性,详细介绍了在防火设计中应注意的问题,包括室内材料选择、设计布局和通风系统、灭火设备和应急预案等[4]。刘晓玫通过对外墙外保温材料的火灾危险性进行分析,提出选择合理的外墙外保温防火材料、加强消防监管等外墙外保温系统防火性能的提升策略,以期有效预防建筑外墙火灾事故的发生,维护建筑和人员安全[5]。王奋针对消防防火监督检查工作中出现的问题,制定出了有效的解决策略,有助于提高防火监督检查工作的有效性[6]。李晓彤对防火监督工作的重要意义进行研究,剖析了目前防火监督工作中存在的问题与不足,并结合实践经验提出了解决方法,以期为防火监督工作规范、有序展开提供一定的参考[7]。谢八和基于民用建筑改造消防安全现状,论述了民用建筑内设置电影院存在的问题,提出了电影院改造工程消防设计审查审批监督管理的建议,梳理了政府主管部门健全监管制度、强化监督管理,主体建设源头把控,改造设计过程质量把控,改造施工过程质量把控,以期为同行提供借鉴[8]。张永南分析了防火监督工作现状,以及防火监督工作创新思路与措施[9]。王兆超针对城市高层建筑防火监督检查要点进行分析,对高层建筑发生火灾的影响因素以及防火监督检查中存在的问题进行深入探究,并提出了合理的解决措施,旨在为相关从业人员提供理论参考,以提高高层建筑防火监督检查的工作质量,进而提升城市高层建筑的安全性和稳定性[10]。乔玲针对目前国内性能化防火设计实践存在的普遍问题,提出了基础先行的思路,建立具有指导性、科学性和完整性的性能化建筑防火设计体系,该体系应包括性能化建筑防火设计规范、性能化建筑防火设计导则、性能化建筑防火分析方法和理论、基础数据库和性能化建筑防火设计的监管制度[11]。

1.3 研究目标

本项研究成果的主要形式为研究报告。预期成果包括对国内外建筑材料防火性能监管制度的现状进行调研和梳理分析,系统地分析国内外建筑材料防火性能监管制度差异,探究燃烧性能测试和判断标准的差异、审查验收程序和规范要求的差异、后期监管模式和监管重点的差异，分析我国现行建筑材料监管制度中关于材料燃烧性能的判定标准和试验方法、审查验收规范要求、后期使用监管要点等方面存在的问题，形成国内外建筑材料防火性能监管制度研究报告，提出我国建筑材料防火性能全生命周期管控措施和要点。

1.4 研究内容

本研究旨在探究国内外建筑材料防火性能监管制度的差异，并提出相应的政策建议。研究内容的内在逻辑关系如图1-1所示。

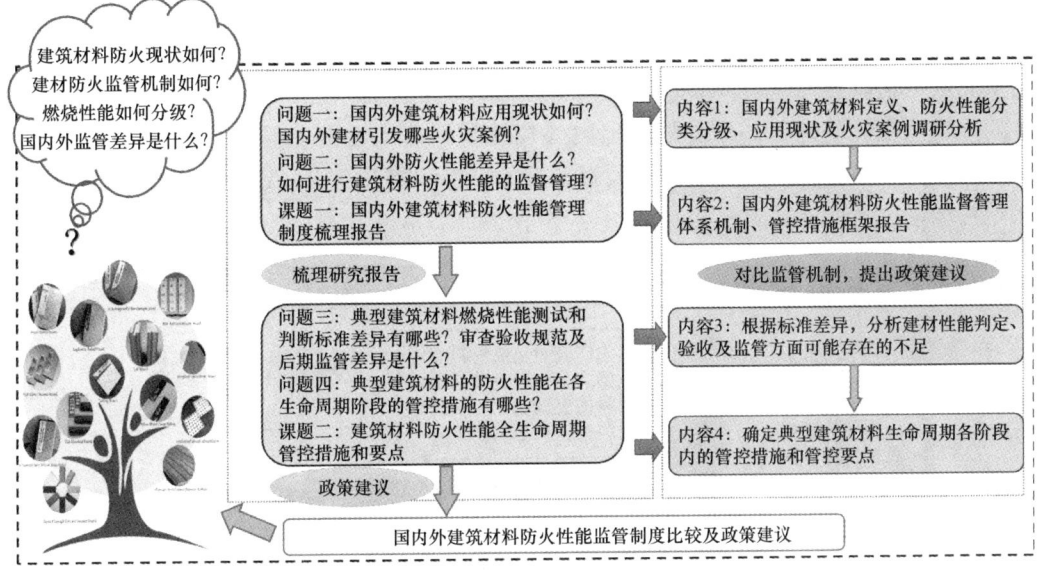

图1-1 研究内容的内在逻辑关系

（1）课题一：对国内外建筑材料防火性能监管制度的现状进行调研和梳理分析，系统地分析国内外建筑材料防火性能监管制度差异，重点研究燃烧性能测试和判断标准的差异、审查验收程序和规范要求的差异、后期监管模式和监管重点的差异，形成国内外建筑材料防火性能管理制度研究报告。

（2）课题二：在课题一研究结果的基础上，针对材料燃烧性能判定标准和实验方法、审查验收规范要求、后期使用监管要点，分析我国现行建筑材料监管制度存在的问题，借鉴发达国家和地区比较成熟的做法，提出我国建筑材料防火性能全生命周期管控措施和要点。

1.5 研究方法

本书研究方法主要有文献调研法、归纳概括法、对比分析法。

（1）文献调研法

文献调研法是围绕着研究项目及课题的需要有目的、有计划地查阅文献情报资料的一种科学研究方法,是完成科研任务必须采用的一种基本方法。

(2) 归纳概括法

归纳概括法是运用一定的方法,把事物方方面面的本质属性进行归拢、整合,使之形成一定的条理化的方法。它是精粹的综合,能够去粗取精、提纲挈领地整合内容。

(3) 对比分析法

对比分析法也叫比较分析法,通常是把两个相互联系的指标数据进行比较,从数量对比的角度展示和说明研究对象规模的大小,以及各种关系是否协调。

1.6 技术路线

应用文献调研法、归纳概括法、对比分析法,聚焦于建筑材料在国内外的以下两方面情况:一是防火性能及其监管制度;二是材料燃烧性能判定、审查验收和后期监管要求的差异。在此基础上,开展基于国内外建筑材料防火性能监管制度的比较及政策研究,从而为我国建筑材料防火性能监管制度的完善和提升提供一定的技术支撑。研究技术路线如图 1-2 所示。

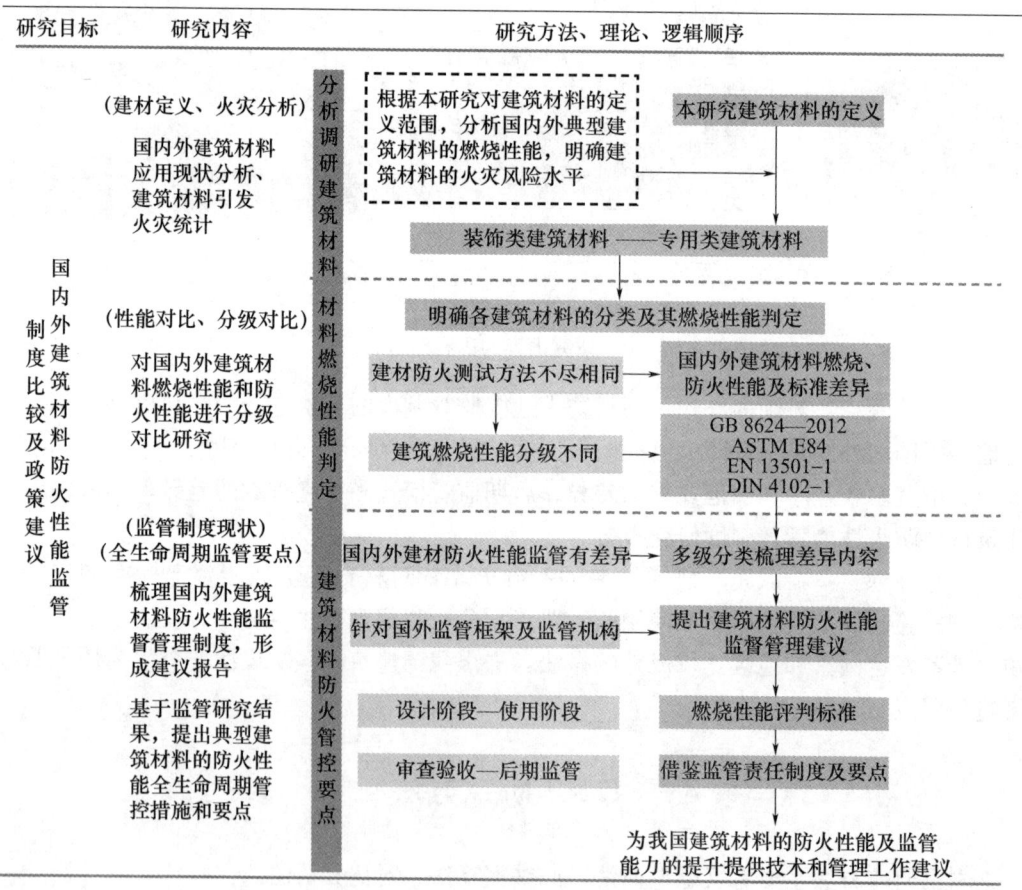

图 1-2 研究技术路线图

2 我国建筑材料防火性能监管现状

2.1 我国建筑材料定义

2018年12月，中国地质大学出版社出版的图书《建筑材料》中对建筑材料（building materials）的定义是，土木工程和建筑工程中使用的材料的统称。建筑材料可分为结构材料、装饰材料和专用材料。结构材料包括木材、竹材、石材、水泥、混凝土、金属、砖瓦、陶瓷、玻璃、工程塑料、复合材料等；装饰材料包括各种涂料、油漆、镀层、贴面、各色瓷砖、具有特殊效果的玻璃等；专用材料指用于防水、防潮、防腐、防火、阻燃、隔声、隔热、保温、密封等。

对于结构材料，GB 50016《建筑设计防火规范（2018年版）》第5.1.2条规定民用建筑的耐火等级可分为一、二、三、四级。除本规范另有规定外，不同耐火等级建筑相应构件的燃烧性能和耐火极限不应低于该标准中表5.1.2的规定。

GB 55037—2022《建筑防火通用规范》中也有明确的耐火极限要求，第5.1.4条规定建筑中承重的下列结构或构件应根据设计耐火极限和受力情况等进行耐火性能验算和防火保护设计，或采用耐火试验验证其耐火性能：

（1）金属结构或构件；
（2）木结构或构件；
（3）组合结构或构件；
（4）钢筋混凝土结构或构件。

由于木材、竹材、砖瓦、陶瓷、玻璃、工程塑料等作为常用建筑构件材料使用较少，而石材、水泥、混凝土等材料本身为不燃材料，所以本次研究计划以金属材料作为建筑构件的研究重点。

对于装饰材料，在建筑内部装修方面，GB 50222—2017《建筑内部装修设计防火规范》明确装修材料按其使用部位和功能，可划分为顶棚装修材料、墙面装修材料、地面装修材料、隔断装修材料、固定家具、装饰织物、其他装修装饰材料七类，并对不同场所不同位置的装修材料提出燃烧性能要求。GB 50354—2005《建筑内部装修防火施工及验收规范》明确，应按装修材料种类将其划分为纺织织物子分部装修工程、木质材料子分部装修工程、高分子合成材料子分部装修工程、复合材料子分部装修工程及其他材料子分部装修工程。该规范提出了建筑内部装修的防火施工与验收三方面的内容要求：一是审查建筑内部装修所选用的材料是否满足防火设计规范要求，并对材料进场、施工、见证取样检验和抽样检验进行了规定；二是对建筑内部装修施工过程中的控制项目和检验方法提出要求；三是建筑内部装修竣工后对总体的防火施工质量给出是否合格的结论。

在建筑外部装修方面，GB 55037—2022《建筑防火通用规范》第 6.5.8 条明确，建筑的外部装修和户外广告牌的设置，应满足防止火灾通过建筑外立面蔓延的要求，不应妨碍建筑的消防救援或火灾时建筑的排烟与排热，不应遮挡或减小消防救援口。建筑外部装修、广告牌设置和灯光工程是引发火灾和导致火灾沿外立面蔓延的主要原因，也是影响消防救援时排烟、排热以及破拆、人员救助的主要障碍。所以在建筑外部装修时，应结合外墙上消防救援口和消防扑救面的设置采取有利于消防安全的装修材料和方案。GB 50016《建筑设计防火规范（2018 年版）》第 6.7.12 条明确，建筑外墙的装饰层应采用燃烧性能为 A 级的材料，但建筑高度不大于 50m 时，可采用 B1 级材料。认为根据不同的建筑高度及外墙外保温系统的构造情况，对建筑外墙使用的装饰材料的燃烧性能做了必要限制，但该装饰材料不包括建筑外墙表面的饰面涂料。图集 06J505-1《外装修（一）》对女儿墙、挑檐、外墙等 18 个细部的做法进行呈现，其中外墙部分包括锦砖墙面（马赛克）、面砖墙面、文化石墙面、挂贴花岗石板墙面、超薄型石材蜂窝板外墙、铝蜂窝板外墙、织物幕墙、木挂板外墙等 39 类做法，装配配件非承重围护外墙包括玻璃外墙、预制混凝土花格、金属花饰等 18 类做法。

由于建筑内部易燃可燃装修材料的使用大幅增加了火灾负荷，同时发生火灾后产生大量烟雾和毒气，严重威胁人民生命安全，所以内装修材料的全流程监管将作为此次研究的重点。而外装饰材料以砖石、玻璃、金属材料等不燃材料为主，本次研究仅对织物幕墙、木挂板外墙两种装饰材料进行探讨。

对于专用材料，有防火性能要求的主要涉及建筑节能工程保温隔热材料、屋面工程保温隔热材料等，GB 55037—2022《建筑防火通用规范》第 6.6 条明确了建筑保温相关要求，本次研究以建筑保温材料的监管为主。

2.2　我国工程建设项目全生命周期监管定义

2023 年 10 月，住房城乡建设部办公厅印发《住房城乡建设部办公厅关于开展工程建设项目全生命周期数字化管理改革试点工作的通知》（建办厅函〔2023〕291 号）。该通知明确试点目标为加快建立工程建设项目全生命周期数据汇聚融合、业务协同的工作机制，打通工程建设项目设计、施工、验收、运维全生命周期审批监管数据链条，推动管理流程再造、制度重塑，形成可复制推广的管理模式、实施路径和政策标准体系，为全面推进工程建设项目全生命周期数字化管理、促进工程建设领域高质量发展发挥示范引领作用。同时指出工程建设项目全生命周期审批监管包括设计、施工、验收、运维等环节。

有燃烧性能要求的建筑材料，在《建设工程消防设计审查验收管理暂行规定》中被称为"涉及消防的建筑材料"。GB 55037—2022《建筑防火通用规范》、GB 55036—2022《消防设施通用规范》、GB 50016—2014《建筑设计防火规范》、GB 51348—2019《民用建筑电气设计标准》、GB 50222—2017《建筑内部装修设计防火规范》等国家标准针对涉及消防的建筑材料的燃烧性能提出了明确的要求，而且许多还属于强制性条文，必须严格执行。

建筑工程使用燃烧性能不合格的建筑材料,不仅会对建筑工程自身的火灾荷载和抵抗火灾风险的能力产生很大的影响,而且在施工过程中也有较大的火灾危险性,极易造成重大的火灾事故。建筑材料燃烧性能控制就是在建筑工程的设计和施工环节,对建筑材料的燃烧性能进行严格把关,确保工程使用的建筑材料燃烧性能符合国家工程建设消防技术标准的要求,从而保证建筑工程的消防设计与施工质量。

我国目前对于有防火性能要求的建筑材料监管分为生产和销售领域的质量监管、消防设计审查监管、消防施工与验收阶段监管和使用阶段监管四个部分。而保险机制的引入,也在一定程度上增加了使用单位对建筑材料防火性能要求的重视程度。国内有防火性能要求的建筑材料监管流程见表 2-1。

表 2-1 国内有防火性能要求的建筑材料监管流程

监管阶段	责任主体	第三方	监管主体
质量监管 (生产和销售领域)	生产及销售单位	检测机构	市场监督管理部门
消防设计审查监管	建设单位 设计单位	施工图纸审查单位	住建部门
消防施工与验收监管	建设单位 设计单位 施工单位 监理单位	检测机构	住建部门
扩建、改建 (装饰装修、 改变用途、建筑保温)	建设单位 设计单位 施工单位 监理单位	检测机构	消防部门 住建部门
质量监管 (使用阶段)	使用单位主体	检测机构	消防部门 市场监督管理部门
保险机制	市场调节		

2.3 建筑材料防火性能质量监管

2.3.1 监管主体

《中华人民共和国产品质量法》第八条规定国务院市场监督管理部门主管全国产品质量监督工作。国务院有关部门在各自的职责范围内负责产品质量监督工作。县级以上地方市场监督管理部门主管本行政区域内的产品质量监督工作。县级以上地方人民政府有关部门在各自的职责范围内负责产品质量监督工作。《中华人民共和国产品质量法》第二条规定建设工程不适用本法规定;但是,建设工程使用的建筑材料、建筑构配件和设备,属于前款规定的产品范围的,适用本法规定。所以,涉及建筑材料的防火性能质量监管由市场监督管理部门负责。产品性能质量监管流程如图2-1所示。

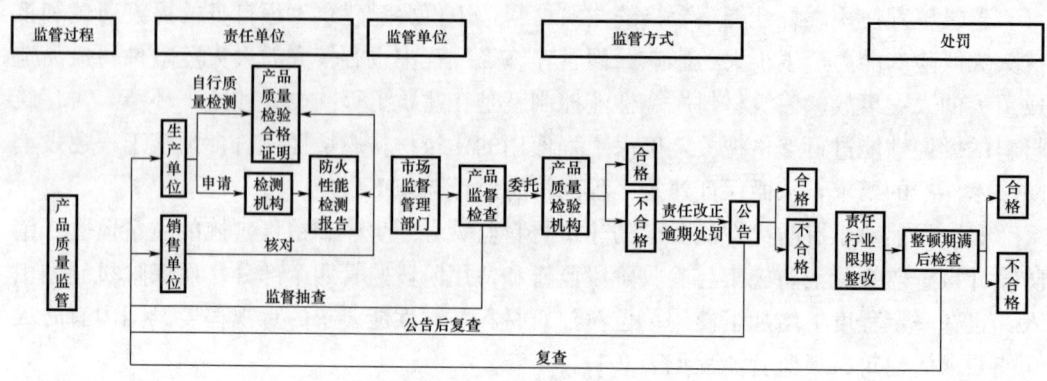

图 2-1 产品性能质量监管流程

2.3.2 责任主体

《中华人民共和国产品质量法》规定生产者、销售者依法承担产品质量责任。禁止伪造或者冒用认证标志等质量标志；禁止伪造产品的产地，伪造或者冒用他人的厂名、厂址；禁止在生产、销售的产品中掺杂、掺假，以假充真、以次充好。

2.3.2.1 生产者的产品质量责任和义务

生产者应当对其生产的产品质量负责。

产品质量应当符合下列要求：①不存在危及人身、财产安全的不合理的危险，有保障人体健康和人身、财产安全的国家标准、行业标准的，应当符合该标准；②具备产品应当具备的使用性能，但是，对产品存在使用性能的瑕疵做出说明的除外；③符合在产品或者其包装上注明采用的产品标准，符合以产品说明、实物样品等方式表明的质量状况。

产品或者其包装上的标识必须真实，并符合下列要求：①有产品质量检验合格证明；②有中文标明的产品名称、生产厂名和厂址；③根据产品的特点和使用要求，需要标明产品规格、等级、所含主要成分的名称和含量的，用中文相应予以标明；需要事先让消费者知晓的，应当在外包装上标明，或者预先向消费者提供有关资料；④限期使用的产品，应当在显著位置清晰地标明生产日期和安全使用期或者失效日期；⑤使用不当，容易造成产品本身损坏或者可能危及人身、财产安全的产品，应当有警示标志或者中文警示说明。

生产者不得生产国家明令淘汰的产品；不得伪造产地，不得伪造或者冒用他人的厂名、厂址；不得伪造或者冒用认证标志等质量标志；不得掺杂、掺假，不得以假充真、以次充好，不得以不合格产品冒充合格产品。

2.3.2.2 销售者的产品质量责任和义务

销售者应当建立并执行进货检查验收制度，验明产品合格证明和其他标识。应当采取措施，保持销售产品的质量。

销售者不得销售国家明令淘汰并停止销售的产品和失效、变质的产品。销售者销售的产品的标识应当符合产品或者其包装上的标识规定。

销售者不得伪造产地,不得伪造或者冒用他人的厂名、厂址;不得伪造或者冒用认证标志等质量标志;不得掺杂、掺假,不得以假充真、以次充好,不得以不合格产品冒充合格产品。

2.3.3 监管方式

2.3.3.1 标志和试验报告

公共场所使用的阻燃制品及组件应经抽样送国家认可并授权的检验机构进行检验以确定其阻燃性能等级,阻燃制品及组件的阻燃性能等级应采用适当的方式标注在产品或产品包装上。公共场所使用的阻燃制品及组件的阻燃性能等级必须明示。阻燃性能标识除阻燃性能等级外尚应包括能唯一识别的编号、依据标准、实施检验的机构名称等内容。

产品阻燃性能标识的内容应与产品的检验结果一致。若阻燃制品及组件的结构、组成发生重大变化,或者超过报告的有效性期限时,应重新抽样送国家认可并授权的检验机构进行检验,以确认其是否可继续使用相应的阻燃性能等级标识。

2.3.3.2 质量抽查

国家对产品质量实行以抽查为主要方式的监督检查制度,对可能危及人体健康和人身、财产安全的产品,影响国计民生的重要工业产品以及消费者、有关组织反映有质量问题的产品进行抽查。国家市场监督管理总局令第18号《产品质量监督抽查管理暂行办法》规定市场监督管理部门对本行政区域内生产、销售的产品实施监督抽查。这里所称的监督抽查,是指市场监督管理部门为监督产品质量,依法组织对在中华人民共和国境内生产、销售的产品进行抽样、检验,并进行处理的活动。

国家市场监督管理总局负责统筹管理、指导协调全国监督抽查工作,组织实施国家监督抽查,汇总、分析全国监督抽查信息。省级市场监督管理部门负责统一管理本行政区域内地方监督抽查工作,组织实施本级监督抽查,汇总、分析本行政区域监督抽查信息。市级、县级市场监督管理部门负责组织实施本级监督抽查,汇总、分析本行政区域监督抽查信息,配合上级市场监督管理部门在本行政区域内开展抽样工作,承担监督抽查结果处理工作。

2.3.4 监管流程

2.3.4.1 制定抽查计划

国家市场监督管理总局令第18号《产品质量监督抽查管理暂行办法》规定,国家市场监督管理总局负责制定国家监督抽查年度计划,并通报省级市场监督管理部门。县级以上地方市场监督管理部门负责制定本级监督抽查年度计划,并报送上一级市场监督管理部门备案。组织监督抽查的市场监督管理部门应当根据本级监督抽查年度计划,制定监督抽查方案和监督抽查实施细则。

监督抽查方案应当包括抽查产品范围、工作分工、进度要求等内容。监督抽查实施细则应当包括抽样方法、检验项目、检验方法、判定规则等内容。监督抽查实施细则应当在抽样前向社会公开。

查阅国家市场监督管理总局网站，北京市市场监督管理局、天津市市场监督管理局、上海市市场监督管理局、广东省市场监督管理局、河北省市场监督管理局等 6 个省级、直辖市级市场监督管理局网站，广州市市场监督管理局、深圳市市场监督管理局、西安市市场监督管理局、廊坊市市场监督管理局、石家庄市市场监督管理局等 32 个市级市场监督管理局网站，发现其制定的监督抽查实施细则往往包含建筑材料燃烧性能质量监管内容。表 2-2 所示为《上海市产品质量监督抽查实施细则》（难燃人造板、壁纸、壁布、集成墙面产品）编号 SHSSXZ0343—2024 中对于难燃胶合板产品的检验项目，包含燃烧性能（SBI 单体燃烧性能试验、产烟量、燃烧滴落物、可燃性）。

表 2-2 SHSSXZ0343—2024 难燃胶合板产品检验项目

序号	检测项目	检验方法	质量要求
1	甲醛释放量	GB/T 17657—2022/4.60	GB 18580—2017 GB/T 39600—2021
2	燃烧性能（SBI 单体燃烧性能试验、产烟量、燃烧滴落物、可燃性）	GB/T 20284—2006 GB 8626—2007	GB 8624—2012 GB 20286—2006
3	含水率	GB/T 18101—2024/7.3.3	GB/T 18101—2024/6.5
4	胶合强度	GB/T 18101—2024/7.3.4	GB/T 18101—2024/6.5
说明	法律法规、强制性标准、市场准入的相关规定是强制性质量要求；推荐性标准、标准中的非强制性条款的规定是推荐性质量要求；在产品或者其包装上，或者以产品说明、实物样品等方式表明的质量状况是明示质量要求		

2.3.4.2 确定承担抽查抽样、检验工作的机构

国家市场监督管理总局令第 18 号《产品质量监督抽查管理暂行办法》规定组织监督抽查的市场监督管理部门应当按照政府采购等有关要求，确定承担监督抽查抽样、检验工作的抽样机构、检验机构，并签订委托协议，明确权利、义务、违约责任等内容。

2.3.4.3 抽样

国家市场监督管理总局令第 18 号《产品质量监督抽查管理暂行办法》规定的抽样方式分为现场抽样和网络抽样两种。

市场监督管理部门实施现场抽样时采取自行抽样或者委托抽样机构抽样的方式，按照有关规定随机抽取被抽样生产者、销售者，随机选派抽样人员。样品由抽样人员按照监督抽查实施细则所规定的抽样方法在被抽样生产者、销售者的待销产品中随机抽取，并对抽样场所、贮存环境、被抽样产品的标识、库存数量、抽样过程等通过拍照或者录像的方式留存证据。抽样文书经抽样人员和被抽样生产者、销售者签字。其中检验样本由抽样人员根据市场价格购买，备用样品由被抽样生产者、销售者先行无偿提供。抽样人员采取有效的防拆封措施，对检验样品和备用样品分别封样，并由抽样人员和被抽样生产者、销售者签字确认，由抽样人员携带或者寄递至检验机构进行检验。

市场监督管理部门对电子商务经营者销售的本行政区域内的生产者生产的产品和本行政区域内的电子商务经营者销售的产品进行网络抽样时,可以以消费者的名义购买检验样品和备用样品,应记录抽样人员以及付款账户、注册账号、收货地址、联系方式等信息。抽样人员应当通过截图、拍照或者录像的方式记录被抽样销售者信息、样品网页展示信息,以及订单信息、支付记录等。抽样人员收到样品后,应当通过拍照或者录像的方式记录拆封过程,对寄递包装、样品包装、样品标识、样品寄递情形等进行查验,对检验样品和备用样品分别封样,并将检验样品和备用样品携带或者寄递至检验机构进行检验。

2.3.4.4 检验

国家市场监督管理总局令第18号《产品质量监督抽查管理暂行办法》规定了检验流程及相关要求。

检验人员收到样品后,应当通过拍照或者录像的方式检查记录样品的外观、状态、封条有无破损以及其他可能对检验结论产生影响的情形,并核对样品与抽样文书的记录是否相符。对于网络抽样的检验样品和备用样品,应当分别加贴相应标识后,按照有关要求予以存放。检验人员按照监督抽查实施细则所规定的检验项目、检验方法、判定规则等进行检验。检验机构出具的检验报告应当内容真实齐全、数据准确、结论明确,并按照有关规定签字、盖章。检验机构应当在规定时间内将检验报告及有关材料报送组织监督抽查的市场监督管理部门。

2.3.4.5 异议处理

国家市场监督管理总局令第18号《产品质量监督抽查管理暂行办法》规定了被抽样生产者、销售者对抽样过程、样品真实性等有异议时的处理办法。

组织监督抽查的市场监督管理部门应当及时将检验结论书面告知被抽样生产者、销售者,并同时告知其依法享有的权利。样品属于在销售者处现场抽取的,还应当同时书面告知样品标称的生产者。样品属于通过网络抽样方式购买的,还应当同时书面告知电子商务平台经营者和样品标称的生产者。被抽样生产者、销售者对检验结论有异议,提出书面复检申请并阐明理由的,收到异议处理申请的市场监督管理部门对需要复检并具备检验条件的,组织复检。向被抽样生产者、销售者支付备用样品费用。申请人应当自收到市场监督管理部门复检通知之日起七日内办理复检手续。市场监督管理部门应当自申请人办理复检手续之日起十日内确定具备相应资质的检验机构进行复检。复检机构与初检机构不得为同一机构,但组织监督抽查的省级以上市场监督管理部门行政区域内或者组织监督抽查的市级、县级市场监督管理部门所在省辖区内仅有一个检验机构具备相应资质的除外。复检机构应当通过拍照或者录像的方式检查记录备用样品的外观、状态、封条有无破损以及其他可能对检验结论产生影响的情形,并核对备用样品与抽样文书的记录是否相符,在规定时间内按照监督抽查实施细则所规定的检验方法、判定规则等对与异议相关的检验项目进行复检,并将复检结论及时报送组织复检的市场监督管理部门,由组织复检的市场监督管理部门书面告知复检申请人。复检结论为最终结论。复检费用由申请人向复检机构先行支付。复检结论与初检结论一致的,复检费用由申请人承担；与初检结论不一致的，复检费用由组织监督抽查的市场监督管理部门承担。

2.3.4.6 结果处理

国家市场监督管理总局令第 18 号《产品质量监督抽查管理暂行办法》规定，组织监督抽查的市场监督管理部门应当汇总分析、依法公开监督抽查结果，并向地方人民政府、上一级市场监督管理部门和同级有关部门通报监督抽查情况。组织地方监督抽查的市场监督管理部门发现不合格产品为本行政区域以外的生产者生产的，应当及时通报生产者所在地同级市场监督管理部门。

对检验结论为不合格的产品，被抽样生产者、销售者应当立即停止生产、销售同一产品。负责结果处理的市场监督管理部门应当责令不合格产品的被抽样生产者、销售者自责令之日起六十日内予以改正，自责令之日起七十五日内按照监督抽查实施细则组织复查。经复查不合格的，负责结果处理的市场监督管理部门应当逐级上报至省级市场监督管理部门，由其向社会公告。

负责结果处理的市场监督管理部门应当在公告之日起六十日后九十日前对被抽样生产者、销售者组织复查，经复查仍不合格的，按照《中华人民共和国产品质量法》第十七条规定，责令停业，限期整顿；整顿期满后经复查仍不合格的，吊销营业执照。

监督抽查发现产品存在区域性、行业性质量问题，市场监督管理部门可以会同其他有关部门、行业组织召开质量分析会，指导相关产品生产者、销售者加强质量管理。

2.3.5 检验检测机构

《中华人民共和国产品质量法》第十九条规定："产品质量检验机构必须具备相应的检测条件和能力，经省级以上人民政府产品质量监督部门或者其授权的部门考核合格后，方可承担产品质量检验工作。"国家市场监督管理总局令第 163 号《检验检测机构资质认定管理办法》规定了对检验检测机构的监督管理要求。

省级以上质量技术监督部门依据有关法律法规和标准、技术规范的规定，对检验检测机构的基本条件和技术能力是否符合法定要求实施的评价许可，即国家质量监督检验检疫总局主管全国检验检测机构资质认定工作，国家认证认可监督管理委员会（以下简称"国家认监委"）负责检验检测机构资质认定的统一管理、组织实施、综合协调工作，各省、自治区、直辖市人民政府质量技术监督部门（以下简称"省级资质认定部门"）负责所辖区域内检验检测机构的资质认定工作，县级以上人民政府质量技术监督部门负责所辖区域内检验检测机构的监督管理工作。

检验检测机构按照资质认定部门的要求，参加其组织开展的能力验证或者比对，以保证持续符合资质认定条件和要求。资质认定部门在其官方网站上公布取得资质认定的检验检测机构信息，并注明资质认定证书状态。国家认监委建立全国检验检测机构资质认定信息查询平台供社会查询和监督。

2.3.6 罚则

《中华人民共和国产品质量法》规定了对生产、销售企业、检验检测机构等违反法律规定的相关罚则。

2.3.6.1 对责任主体

生产、销售不符合保障人体健康和人身、财产安全的国家标准、行业标准的产品的，责令停止生产、销售，没收违法生产、销售的产品，并处违法生产、销售产品（包括已售出和未售出的产品，下同）货值金额等值以上三倍以下的罚款；有违法所得的，并处没收违法所得；情节严重的，吊销营业执照；构成犯罪的，依法追究刑事责任。

在产品中掺杂、掺假，以假充真，以次充好，或者以不合格产品冒充合格产品的，责令停止生产、销售，没收违法生产、销售的产品，并处违法生产、销售产品货值金额百分之五十以上三倍以下的罚款；有违法所得的，并处没收违法所得；情节严重的，吊销营业执照；构成犯罪的，依法追究刑事责任。

生产国家明令淘汰的产品的，销售国家明令淘汰并停止销售的产品的，责令停止生产、销售，没收违法生产、销售的产品，并处违法生产、销售产品货值金额等值以下的罚款；有违法所得的，并处没收违法所得；情节严重的，吊销营业执照。

销售失效、变质的产品的，责令停止销售，没收违法销售的产品，并处违法销售产品货值金额两倍以下的罚款；有违法所得的，并处没收违法所得；情节严重的，吊销营业执照；构成犯罪的，依法追究刑事责任。

伪造产品产地的，伪造或者冒用他人厂名、厂址的，伪造或者冒用认证标志等质量标志的，责令改正，没收违法生产、销售的产品，并处违法生产、销售产品货值金额等值以下的罚款；有违法所得的，并处没收违法所得；情节严重的，吊销营业执照。

拒绝接受依法进行的产品质量监督检查的，给予警告，责令改正；拒不改正的，责令停业整顿；情节特别严重的，吊销营业执照。

2.3.6.2 对检验检测机构

产品质量检验机构、认证机构伪造检验结果或者出具虚假证明的，责令改正，对单位处五万元以上十万元以下的罚款，对直接负责的主管人员和其他直接责任人员处一万元以上五万元以下的罚款；有违法所得的，并处没收违法所得；情节严重的，取消其检验资格、认证资格；构成犯罪的，依法追究刑事责任。

产品质量检验机构、认证机构出具的检验结果或者证明不实，造成损失的，应当承担相应的赔偿责任；造成重大损失的，撤销其检验资格、认证资格。

产品质量认证机构对不符合认证标准而使用认证标志的产品，未依法要求其改正或者取消其使用认证标志资格的，对因产品不符合认证标准给消费者造成的损失，与产品的生产者、销售者承担连带责任；情节严重的，撤销其认证资格。

2.4 建筑材料防火性能设计阶段监管

2.4.1 监管主体

中华人民共和国住房和城乡建设部令第58号《建设工程消防设计审查验收管理暂行规定》明确，国务院住房和城乡建设主管部门负责指导监督全国建设工程消防设计审查验收工作。县级以上地方人民政府住房和城乡建设主管部门依职责承担本行政区域内建设工程的消防设计审查、消防验收、备案和抽查工作。

中华人民共和国住房和城乡建设部令第13号《房屋建筑和市政基础设施工程施工图设计文件审查管理办法》和中华人民共和国住房和城乡建设部令第46号《住房和城乡建设部关于修改〈房屋建筑和市政基础设施工程施工图设计文件审查管理办法〉的决定》明确，国家实施施工图设计文件（含勘察文件，以下简称"施工图"）审查制度。国务院住房和城乡建设主管部门负责对全国的施工图审查工作实施指导、监督。县级以上地方人民政府住房和城乡建设主管部门负责对本行政区域内的施工图审查工作实施监督管理。建筑设计阶段监管流程如图2-2所示。

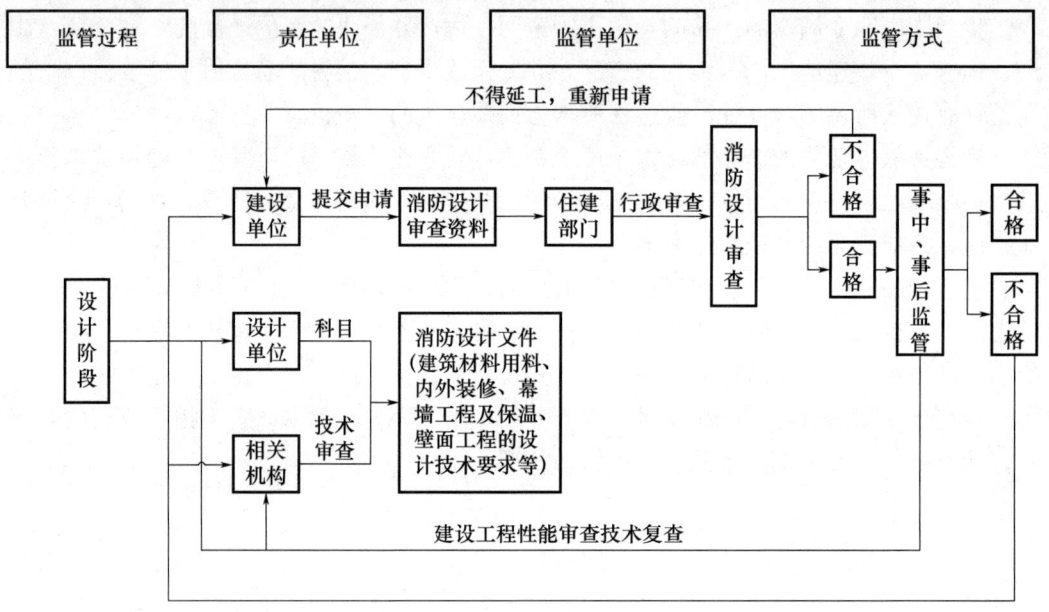

图 2-2 建筑设计阶段监管流程

2.4.2 责任主体

《中华人民共和国消防法》明确规定，建设工程的消防设计必须符合国家工程建设消防技术标准。建设、设计等单位依法对建设工程的消防设计负责。

对按照国家工程建设消防技术标准需要进行消防设计的建设工程，实行建设工程消防设计审查验收制度。特殊建设工程未经消防设计审查或者审查不合格的，建设单位、施工单位不得施工；其他建设工程，建设单位未提供满足施工需要的消防设计图纸及技术资料的，有关部门不得发放施工许可证或者批准开工报告。

中华人民共和国住房和城乡建设部令第58号《建设工程消防设计审查验收管理暂行规定》明确，建设单位依法对建设工程消防设计负首要责任。设计、技术服务等单位依法对建设工程消防设计负主体责任。建设、设计、技术服务等单位的从业人员依法对建设工程消防设计承担相应的个人责任。

2.4.2.1 建设单位消防设计责任和义务

中华人民共和国住房和城乡建设部令第 58 号《建设工程消防设计审查验收管理暂行规定》明确，建设单位应依法申请建设工程消防设计审查，办理备案并接受抽查；不得明示或者暗示设计、施工、工程监理、技术服务等单位及其从业人员违反建设工程法律法规和国家工程建设消防技术标准，降低建设工程消防设计、施工质量；委托具有相应资质的设计单位；应按照工程消防设计要求和合同约定，选用合格的消防产品和满足防火性能要求的建筑材料、建筑构配件和设备。

2.4.2.2 设计单位消防设计责任和义务

中华人民共和国住房和城乡建设部令第 58 号《建设工程消防设计审查验收管理暂行规定》明确，建设单位应按照建设工程法律法规和国家工程建设消防技术标准进行设计，编制符合要求的消防设计文件，不得违反国家工程建设消防技术标准强制性条文；在设计文件中选用的消防产品和具有防火性能要求的建筑材料、建筑构配件和设备，应当注明规格、性能等技术指标，符合国家规定的标准。

2.4.3　监管方式

《中华人民共和国消防法》明确，国务院住房和城乡建设主管部门规定的特殊建设工程，建设单位应当将消防设计文件报送住房和城乡建设主管部门审查，住房和城乡建设主管部门依法对审查的结果负责。前款规定以外的其他建设工程，建设单位申请领取施工许可证或者申请批准开工报告时应当提供满足施工需要的消防设计图纸及技术资料。

在工程消防设计审查阶段，以河北省为例，为深化"放管服"改革，优化营商环境，实施施工图纸由施工图审查机构进行审查，住建主管部门进行行政审批，不再进行技术审查，加强事中、事后监管，强化质量责任追溯。

2.4.4　监管流程

中华人民共和国住房和城乡建设部令第 58 号《建设工程消防设计审查验收管理暂行规定》（以下简称《暂行规定》）明确了消防设计审查的流程及相关材料要求。

住房城乡建设部关于修改《建设工程消防设计审查验收工作细则》并印发建设工程消防验收备案凭证、告知承诺文书式样的通知（建科规〔2024〕3 号），细化了受理材料审查标准、消防设计文件编制要求、设计图纸深度要求、专家评审相关要求、专家评审意见要求、消防设计技术审查标准等内容，并明确消防设计审查验收主管部门可以委托具备相应能力的技术服务机构开展特殊建设工程消防设计技术审查，并形成意见或者报告，作为出具特殊建设工程消防设计审查意见的依据。

省、自治区、直辖市人民政府住房和城乡建设主管部门可以根据有关法律法规和《暂行规定》，结合本地实际情况，细化实施细则。

2.4.5　施工图审查

中华人民共和国住房和城乡建设部令第 13 号《房屋建筑和市政基础设施工程施

工图设计文件审查管理办法》和中华人民共和国住房和城乡建设部令第46号《住房和城乡建设部关于修改〈房屋建筑和市政基础设施工程施工图设计文件审查管理办法〉的决定》明确，国家实施施工图设计文件（含勘察文件，以下简称"施工图"）审查制度。

省、自治区、直辖市人民政府住房和城乡建设主管部门应当按照《房屋建筑和市政基础设施工程施工图设计文件审查管理办法》规定的审查机构条件，结合本行政区域内的建设规模，确定相应数量的审查机构，将审查机构名录报国务院住房和城乡建设主管部门备案，并向社会公布。县级以上人民政府住房和城乡建设主管部门应当加强对审查机构的监督检查，要求被检查的审查机构提供有关施工图审查的文件和资料，并将监督检查结果向社会公布。

建设单位应当将施工图送审查机构审查，但审查机构不得与所审查项目的建设单位、勘察设计企业有隶属关系或者其他利害关系。建设单位应当向审查机构提供作为勘察、设计依据的政府有关部门的批准文件及附件、全套施工图、其他应当提交的材料并对所提供资料的真实性负责。

审查机构应当对施工图审查是否符合工程建设强制性标准、地基基础和主体结构的安全性、消防安全性、人防工程（不含人防指挥工程）防护安全性、是否符合民用建筑节能强制性标准，对执行绿色建筑标准的项目，还应当审查是否符合绿色建筑标准、勘察设计企业和注册执业人员以及相关人员是否按规定在施工图上加盖相应的图章和签字、法律、法规、规章规定必须审查的其他内容。其中，各地编制的《房屋建筑工程施工图联合审查技术要点》中消防安全性审查内容均包含建筑材料燃烧性能设计审查。

审查机构对施工图进行审查后处理：审查合格的，审查机构应当向建设单位出具审查合格书，并在全套施工图上加盖审查专用章。审查合格书应当有各专业的审查人员签字，经法定代表人签发，并加盖审查机构公章。审查机构应当在出具审查合格书后5个工作日内，将审查情况报工程所在地县级以上地方人民政府住房和城乡建设主管部门备案。审查不合格的，审查机构应当将施工图退回建设单位并出具审查意见告知书，说明不合格原因。同时，应当将审查意见告知书及审查中发现的建设单位、勘察设计企业和注册执业人员违反法律、法规和工程建设强制性标准的问题，报工程所在地县级以上地方人民政府住房和城乡建设主管部门。施工图退建设单位后，建设单位应当要求原勘察设计企业进行修改，并将修改后的施工图送原审查机构复审。

2.4.6 罚则

《中华人民共和国消防法》《房屋建筑和市政基础设施工程施工图设计文件审查管理办法》规定了对建设单位、设计单位、审查机构等违反法律规定的相关罚则。

2.4.6.1 对责任主体

依法应当进行消防设计审查的建设工程，未经依法审查或者审查不合格，擅自施工的建设单位，由住房和城乡建设主管部门责令停止施工，并处三万元以上三十万元以下罚款。

建设单位要求建筑设计单位或者建筑施工企业降低消防技术标准设计、施工的,以及建筑设计单位不按照消防技术标准强制性要求进行消防设计的,由住房和城乡建设主管部门责令改正或者停止施工,并处一万元以上十万元以下罚款。

建设单位违反规定,压缩合理审查周期的、提供不真实送审资料的,以及对审查机构提出不符合法律、法规和工程建设强制性标准要求的,由县级以上地方人民政府住房和城乡建设主管部门责令改正,处三万元罚款;情节严重的,予以通报。建设单位为房地产开发企业的,还应当依照《房地产开发企业资质管理规定》进行处理。

2.4.6.2 对审查机构

审查机构列入名录后不再符合规定条件的,省、自治区、直辖市人民政府住房和城乡建设主管部门应当责令其限期改正;逾期不改的,不再将其列入审查机构名录。

审查机构违反规定,超出范围从事施工图审查的、使用不符合条件审查人员的、未按规定的内容进行审查的、未按规定上报审查过程中发现的违法违规行为的、未按规定填写审查意见告知书的、未按规定在审查合格书和施工图上签字盖章的,以及已出具审查合格书的施工图但仍有违反法律、法规和工程建设强制性标准的,由县级以上地方人民政府住房和城乡建设主管部门责令改正,处三万元罚款,并记入信用档案;情节严重的,省、自治区、直辖市人民政府住房和城乡建设主管部门不再将其列入审查机构名录。

审查机构出具虚假审查合格书的,审查合格书无效,县级以上地方人民政府住房和城乡建设主管部门处三万元罚款,省、自治区、直辖市人民政府住房和城乡建设主管部门不再将其列入审查机构名录。

审查人员在虚假审查合格书上签字的,终身不得再担任审查人员;对于已实行执业注册制度的专业的审查人员,还应当依照《建设工程质量管理条例》第七十二条、《建设工程安全生产管理条例》第五十八条的规定予以处罚。

给予审查机构罚款处罚的,对机构的法定代表人和其他直接责任人员处机构罚款数额5%以上10%以下的罚款,并记入信用档案。

2.5 建筑材料防火性能施工阶段监管

2.5.1 监管主体

中华人民共和国住房和城乡建设部令第51号《建设工程消防设计审查验收管理暂行规定》明确,国务院住房和城乡建设主管部门负责指导监督全国建设工程消防设计审查验收工作。县级以上地方人民政府住房和城乡建设主管部门依职责承担本行政区域内建设工程的消防设计审查、消防验收、备案和抽查工作。产品进场阶段和施工阶段的监管分别如图2-3和图2-4所示。

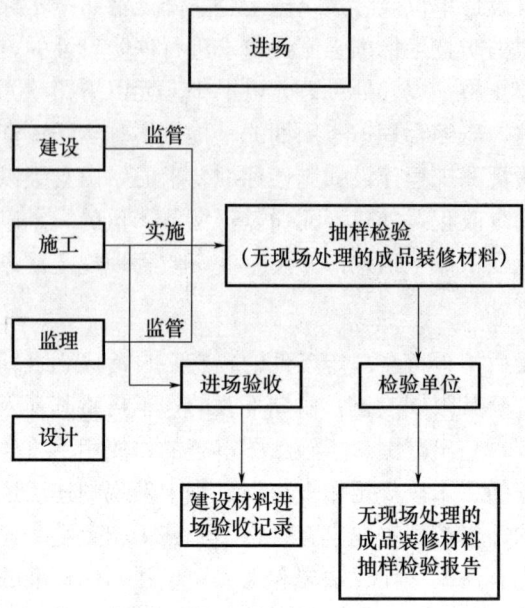

图 2-3 产品进场阶段监管

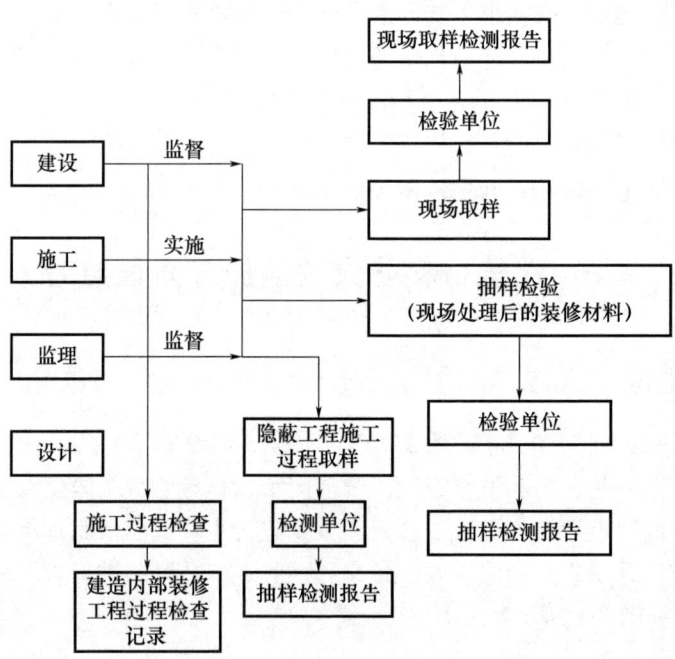

图 2-4 产品施工阶段监管

2.5.2 责任主体

装饰装修工程的装修材料质量作为建设工程质量范畴内容,装修材料质量应遵照执行《住房和城乡建设部关于落实建设单位工程质量首要责任的通知》(建质规〔2020〕9号)要求,建设单位依法对内装修改造工程全生命周期的质量安全全面负责,健全装修工程质量安全体系,建立装修材料工程质量首要责任制,对建设工程材料使用的各阶段实施质量管理,督促建设工程有关单位和人员落实管理责任。

《中华人民共和国消防法》明确规定,建设工程的消防施工必须符合国家工程建设消防技术标准。建设、施工、工程监理等单位依法对建设工程的消防施工质量负责。

中华人民共和国住房和城乡建设部令第58号《建设工程消防设计审查验收管理暂行规定》明确,建设单位依法对建设工程施工质量负首要责任。施工、工程监理、技术服务等单位依法对建设工程施工质量负主体责任。建设、施工、工程监理、技术服务等单位的从业人员依法对建设工程施工质量承担相应的个人责任。

2.5.2.1 建设单位施工质量责任和义务

中华人民共和国住房和城乡建设部令第58号《建设工程消防设计审查验收管理暂行规定》明确,建设单位应依法申请消防验收,办理备案并接受抽查;不得明示或者暗示施工、工程监理、技术服务等单位及其从业人员违反建设工程法律法规和国家工程建设消防技术标准,降低建设工程施工质量;委托具有相应资质的施工、工程监理单位;应按照工程消防设计要求和合同约定,选用合格的消防产品和满足防火性能要求的建筑材料、建筑构配件和设备;组织有关单位进行建设工程竣工验收时,对建设工程是否符合消防要求进行查验。

2.5.2.2 设计单位施工质量责任和义务

中华人民共和国住房和城乡建设部令第58号《建设工程消防设计审查验收管理暂行规定》明确,涉及单位应参加建设单位组织的建设工程竣工验收,对建设工程消防设计实施情况签章确认,并对建设工程消防设计质量负责。

2.5.2.3 施工单位施工质量责任和义务

中华人民共和国住房和城乡建设部令第58号《建设工程消防设计审查验收管理暂行规定》明确,施工单位应按照建设工程法律法规、国家工程建设消防技术标准,以及经消防设计审查合格或者满足工程需要的消防设计文件组织施工,不得擅自改变消防设计进行施工以及降低消防施工质量;按照消防设计要求、施工技术标准和合同约定检验消防产品和具有防火性能要求的建筑材料、建筑构配件和设备的质量,使用合格产品,保证消防施工质量;参加建设单位组织的建设工程竣工验收,对建设工程消防施工质量签章确认,并对建设工程消防施工质量负责。

2.5.2.4 工程监理单位施工质量责任和义务

中华人民共和国住房和城乡建设部令第58号《建设工程消防设计审查验收管理暂行规定》明确,工程监理单位应按照建设工程法律法规、国家工程建设消防技术标准,以及经消防设计审查合格或者满足工程需要的消防设计文件实施工程监理;在消防产品和具有防火性能要求的建筑材料、建筑构配件和设备使用、安装前，核查产品质量证明文件，不得同意使用或者安装不合格的消防产品和防火性能不符合要求的建筑材料、建筑构配件和设备；参加建设单位组织的建设工程竣工验收，对建设工程消防施工质量签章确认，并对建设工程消防施工质量承担监理责任。

2.5.3 监管方式

《中华人民共和国消防法》明确，国务院住房和城乡建设主管部门规定应当申请消防验收的建设工程竣工，建设单位应当向住房和城乡建设主管部门申请消防验收。其他建设工程，建设单位在验收后应当报住房和城乡建设主管部门备案，住房和城乡建设主管部门应当进行抽查。依法应当进行消防验收的建设工程，未经消防验收或者消防验收不合格的，禁止投入使用；其他建设工程经依法抽查不合格的，应当停止使用。

2.5.4 监管流程

中华人民共和国住房和城乡建设部令第 58 号《建设工程消防设计审查验收管理暂行规定》（以下简称《暂行规定》）明确消防验收的流程及相关材料要求。

住房城乡建设部关于修改《建设工程消防设计审查验收工作细则》并印发建设工程消防验收备案凭证、告知承诺文书式样的通知（建科规〔2024〕3 号），细化了验收受理材料审查标准、消防设施检测标准、现场评定要求及结论判定标准，并明确消防设计审查验收主管部门可以委托具备相应能力的技术服务机构开展特殊建设工程消防验收的消防设施检测、现场评定，形成意见或者报告，作为出具特殊建设工程消防验收意见的依据。

省、自治区、直辖市人民政府住房和城乡建设主管部门可以根据有关法律法规和《暂行规定》，结合本地实际情况，细化实施细则。

2.5.4.1 特殊建设工程的消防设计审查

中华人民共和国住房和城乡建设部令第 58 号《建设工程消防设计审查验收管理暂行规定》明确对特殊建设工程实行消防验收制度。特殊建设工程竣工验收后，建设单位应当向消防设计审查验收主管部门申请消防验收；未经消防验收或者消防验收不合格的，禁止投入使用。

2.5.4.2 其他建设工程的消防设计、备案与抽查

对其他建设工程实行备案抽查制度，分类管理。其他建设工程经依法抽查不合格的，应当停止使用。

省、自治区、直辖市人民政府住房和城乡建设主管部门应当制定其他建设工程分类管理目录清单。其他建设工程应当依据建筑所在区域环境、建筑使用功能、建筑规模和高度、建筑耐火等级、疏散能力、消防设施设备配置水平等因素分为一般项目、重点项目。

建设单位备案申请：其他建设工程竣工验收合格之日起五个工作日内，建设单位应当向消防设计审查验收主管部门提出备案申请。建设单位办理备案，应当查验是否完成工程消防设计和合同约定的消防各项内容；是否有完整的工程消防技术档案和施工管理

资料（含涉及消防的建筑材料、建筑构配件和设备的进场试验报告）；建设单位对工程涉及消防的各分部分项工程验收合格；施工、设计、工程监理、技术服务等单位确认工程消防质量符合有关标准；消防设施性能、系统功能联调联试等内容检测合格。经查验合格的建设工程，建设单位编制工程竣工验收报告，应当提交消防验收备案表、工程竣工验收报告、涉及消防的建设工程竣工图纸。

消防设计审查验收主管部门受理备案：消防设计审查验收主管部门收到建设单位备案材料后，对备案材料齐全的，应当出具备案凭证；备案材料不齐全的，应当一次性告知需要补正的全部内容。一般项目可以采用告知承诺制的方式申请备案，消防设计审查验收主管部门依据承诺书出具备案凭证。

消防设计审查验收主管部门抽查：消防设计审查验收主管部门应当对备案的其他建设工程进行抽查，加强对重点项目的抽查，抽查工作推行"双随机、一公开"制度，随机抽取检查对象，随机选派检查人员。抽取比例由省、自治区、直辖市人民政府住房和城乡建设主管部门，结合辖区内消防设计、施工质量情况确定，并向社会公示。

建设工程消防验收检查：消防设计审查验收主管部门应当自其他建设工程被确定为检查对象之日起十五个工作日内，按照建设工程消防验收有关规定完成检查，制作检查记录。检查结果应当通知建设单位，并向社会公示。建设单位收到检查不合格整改通知后，应当停止使用建设工程，并组织整改，整改完成后，向消防设计审查验收主管部门申请复查。消防设计审查验收主管部门应当自收到书面申请之日起七个工作日内进行复查，并出具复查意见。复查合格后方可使用建设工程。

2.5.5 消防审验技术服务单位

《建设工程消防设计审查验收管理暂行规定》中规定，消防设施检测或者建设工程消防验收现场评定等服务的技术服务机构，应当按照建设工程法律法规、国家工程建设消防技术标准和国家有关规定提供服务，并对出具的意见或者报告负责。

2.5.6 罚则

《中华人民共和国消防法》《建设工程消防设计审查验收技术服务管理办法》（征求意见稿）规定了对建设单位、施工单位、监理单位、消防审验技术服务机构等违反法律规定的相关罚则。

2.5.6.1 对责任主体

依法应当进行消防验收的建设工程，未经消防验收或者消防验收不合格，擅自投入使用的、其他建设工程验收后经依法抽查不合格，不停止使用的建设单位，由住房和城乡建设主管部门责令停止施工，并处三万元以上三十万元以下罚款。

建设单位要求建筑设计单位或者建筑施工企业降低消防技术标准设计、施工的；建筑设计单位不按照消防技术标准强制性要求进行消防设计的；建筑施工企业不按照消防设计文件和消防技术标准施工，降低消防施工质量的；工程监理单位与建设单位或者建筑施工企业串通，弄虚作假，降低消防施工质量的，由住房和城乡建设主管部门责令改正或者停止施工，并处一万元以上十万元以下罚款。

2.5.6.2 对消防审验技术服务机构

消防审验技术服务单位不满足从业要求从事消防审验技术服务活动的，或者违反《建设工程消防设计审查验收技术服务管理办法》（征求意见稿）第十八条第四项规定的，由消防审验主管部门责令限期改正，给予警告或者通报批评，并处五万元以上十万元以下罚款。

消防审验技术服务单位出具虚假、失实意见或者报告的，由消防审验主管部门责令限期改正，给予警告或者通报批评，并处五万元以上十万元以下罚款，造成危害后果的，处十万元以上二十万元以下罚款；对法定代表人、技术负责人、项目负责人及相关责任人员，处一万元以上五万元以下罚款。

消防审验技术服务单位不按照国家工程建设消防技术标准开展消防审验技术服务活动的，由消防审验主管部门责令限期改正，给予警告或者通报批评，并处两万元以上五万元以下罚款。

消防审验技术服务单位违反本办法第十八条第三项规定的，由消防审验主管部门责令限期改正，并处一万元以上两万元以下罚款；违反《建设工程消防设计审查验收技术服务管理办法》（征求意见稿）第十八条第五项至第八项规定之一的，由消防审验主管部门责令限期改正，并处一万元以下罚款。

消防审验技术服务单位违反本规定，有下列情形之一的，由消防审验主管部门责令限期改正，并处一万元以下罚款：

（一）承接业务未明确项目负责人的；

（二）出具的意见或者报告未经法定代表人（经其授权的签字人）、技术负责人、项目负责人签名，或者未加盖消防审验技术服务单位印章的；

（三）接受监督检查时不如实提供有关材料，拒绝、妨碍或者阻挠监督检查的；

（四）未按规定建立消防审验技术服务档案的。

从业人员未按照国家工程建设消防技术标准开展消防审验技术服务活动的，由消防审验主管部门处五千元以上一万元以下罚款；违反《建设工程消防设计审查验收技术服务管理办法》（征求意见稿）第十九条第二项至第五项规定之一的，由消防审验主管部门处五千元以下罚款。

扩建、改建（装饰装修、改变用途、建筑保温）阶段监管：

建筑进行扩建、改建（装饰装修、改变用途、建筑保温），单位是否依法办理消防手续的监管主体可由消防部门在监督检查中发现，也可由住建部门在开展督查时发现，发现后应责令单位重新申请办理消防设计审查验收手续，手续的办理程序与消防设计审查、施工验收阶段一致。

2.6 建筑材料防火性能使用阶段监管

2.6.1 监管主体

《中华人民共和国消防法》明确，国务院应急管理部门对全国的消防工作实施监督

2 我国建筑材料防火性能监管现状

管理。县级以上地方人民政府应急管理部门对本行政区域内的消防工作实施监督管理，并由本级人民政府消防救援机构负责实施。

公安部令第120号《消防监督检查规定》明确，直辖市、市（地区、州、盟）、县（市辖区、县级市、旗）公安机关消防机构具体实施消防监督检查，确定本辖区内的消防安全重点单位并由所属公安机关报本级人民政府备案。

公安派出所可以对居民住宅区的物业服务企业、居民委员会、村民委员会履行消防安全职责的情况和上级公安机关确定的单位实施日常消防监督检查。

公安派出所日常消防监督检查的单位范围由省级公安机关消防机构、公安派出所工作主管部门共同研究拟定，报省级公安机关确定。竣工后阶段监管和消防监管分别如图 2-5 和图 2-6 所示。

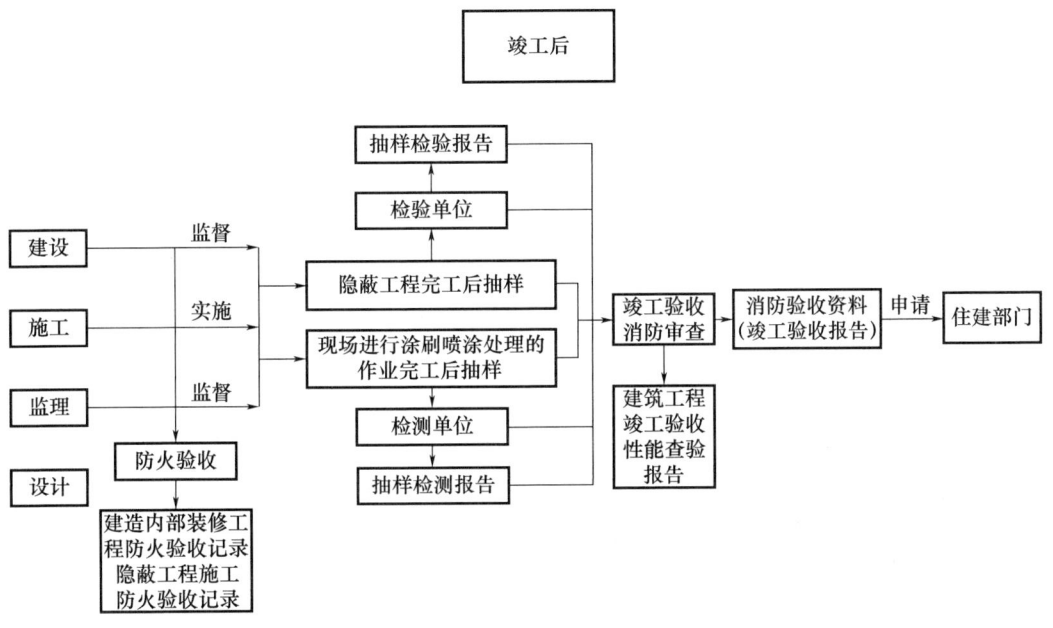

图 2-5　竣工后阶段监管

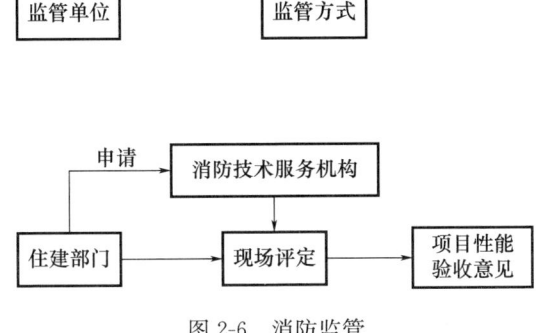

图 2-6　消防监管

2.6.2 责任主体

《中华人民共和国消防法》明确，消防工作贯彻预防为主、防消结合的方针，按照政府统一领导、部门依法监管、单位全面负责、公民积极参与的原则，实行消防安全责任制，建立健全社会化的消防工作网络。单位的主要负责人是本单位的消防安全责任人。

《中华人民共和国消防法》要求，建筑构件、建筑材料和室内装修、装饰材料的防火性能必须符合国家标准；没有国家标准的，必须符合行业标准。

人员密集场所室内装修、装饰，应当按照消防技术标准的要求，使用不燃、难燃材料。

2.6.3 监管方式

公安部令第120号《消防监督检查规定》明确消防监督检查的形式有：
（一）对公众聚集场所在投入使用、营业前的消防安全检查；
（二）对单位履行法定消防安全职责情况的监督抽查；
（三）对举报投诉的消防安全违法行为的核查；
（四）对大型群众性活动举办前的消防安全检查；
（五）根据需要进行的其他消防监督检查。

涉及对于建筑材料防火性能的检查，在（一）（二）（三）项都有明确规定。

2.6.4 监管流程

2.6.4.1 对公众聚集场所在投入使用、营业前的消防安全检查

公众聚集场所投入使用、营业前的消防安全检查，申请人可自主选择采用告知承诺制方式办理，或者选择不采用告知承诺方式办理。

告知承诺管理的流程包含申请、受理及许可、现场核查三个步骤。

申请阶段：申请人可以通过场所所在地的消防业务受理窗口或者消防在线政务服务平台，填写《公众聚集场所投入使用、营业消防安全告知承诺书》，作出符合消防安全要求、具备许可条件的承诺，并提交营业执照、场所平面布置图、场所消防设施平面图、消防安全制度、灭火和应急疏散预案，以及法律、行政法规规定的其他材料。

受理及许可：消防救援机构对申请人提交的《公众聚集场所投入使用、营业消防安全告知承诺书》及相关材料进行审查。申请材料齐全、符合法定形式的，应当予以许可，并出具《公众聚集场所投入使用、营业前消防安全检查意见书》；依法不予受理的，出具不予受理凭证。对到消防业务受理窗口提出申请的，应该当场作出决定；对通过消防在线政务服务平台提出申请的，应当自收到申请之日起1个工作日内办结。公众聚集场所未经消防救援机构许可的，不得投入使用、营业。

现场核查：消防救援机构对取得许可的公众聚集场所应当自作出许可之日起20个工作日内，按照《公众聚集场所投入使用、营业消防安全检查规则》进行核查，现场核查应当通知场所法定代表人或者主要负责人到场。对核查未发现与《公众聚集场所投入

使用、营业消防安全告知承诺书》承诺内容不符的,将该单位(场所)纳入"双随机"抽查范围;对核查发现与承诺内容不符的,应当依法予以处罚,符合临时查封条件的,应当依法予以临时查封,同时自核查之日起 3 个工作日内制作送达《公众聚集场所消防安全检查责令限期改正通知书》。消防救援机构应当在责令限期改正期满或者收到当事人的复查申请之日起 3 个工作日内进行复查。对逾期不整改或者整改后仍达不到要求的,依法撤销许可。

申请人选择不采用告知承诺方式办理的,可以通过场所所在地的消防业务受理窗口或者消防在线政务服务平台,向消防救援机构提交消防安全检查申报表、营业执照、场所平面布置图、场所消防设施平面图、消防安全制度、灭火和应急疏散预案,以及法律、行政法规规定的其他材料。消防救援机构应当自受理申请之日起 10 个工作日内,按照《公众聚集场所投入使用、营业消防安全检查规则》对该场所进行检查,自检查之日起 3 个工作日内作出决定。对符合消防安全要求的,应当予以许可,并出具《公众聚集场所投入使用、营业前消防安全检查意见书》;对不符合消防安全要求的,出具《不同意投入使用、营业决定书》。

无论单位选择采用告知承诺制方式办理,或者选择不采用告知承诺制方式办理,都需按照《公众聚集场所投入使用、营业消防安全检查规则》进行核查,填写《公众聚集场所投入使用、营业消防安全检查记录表》,均需对建筑内部装修是否违反消防技术标准、使用易燃可燃材料装修装饰情况进行核查。

2.6.4.2 对单位履行法定消防安全职责情况的监督抽查

消防救援机构结合本地实际,制定"双随机、一公开"抽查计划,向社会公布检查规则,对单位履行法定消防安全职责情况的监督抽查,室内装修材料是否符合消防技术标准也作为检查的内容。

2.6.4.3 对举报投诉的消防安全违法行为的核查

消防救援机构对举报投诉建筑材料防火性能的消防安全违法行为,应当在接到举报投诉之日起 3 个工作日内进行核查。核查后,对消防安全违法行为应当依法处理。处理情况应当及时告知举报投诉人;无法告知的,应当在受理登记中注明。

2.6.5 罚则

《中华人民共和国消防法》《消防监督检查规定》规定了对使用单位违反法律规定的相关罚则。

公众聚集场所违反消防技术标准,采用易燃、可燃材料装修,可能导致重大人员伤亡的,应当对危险部位或者场所予以临时查封。

2.7 保险应用

为贯彻落实党中央、国务院提出的构建社会主义和谐社会、实现经济社会又快又好发展的要求,提高全社会火灾风险防范能力和管理水平,2006 年 3 月,公安部、中国银保监会联合发布《关于积极推进火灾公众责任保险切实加强火灾防范和风险管理工作的通知》，强调了发展火灾公众责任险的重要意义，对保险监管机关、公安消防部门和保险公司切实履行职责提出了明确的要求。通知要求保险监管部门要加强对保险市场的监督指导，引导保险公司开发适合客户需求的产品；要求公安消防部门在日常监督检查和宣传教育中，要积极引导公众聚集场所和易燃易爆场所参加火灾公众责任险；要求保险公司充分发挥保险经济杠杆的作用，根据保险标的不同风险实行浮动费率，体现"奖优罚劣"的目的。快速做好勘查、定损、理赔等灾后服务工作，切实保障当事人的合法权益。

多年以来，国家层面并没有出台文件明确强制要求单位投保火灾相关保险，但在部分省级文件中有所体现，如《北京市消防条例》指出，鼓励、引导公众聚集场所和生产、储存、运输、销售易燃易爆危险品的企业投保火灾公众责任保险；鼓励保险机构承保火灾公众责任保险；鼓励保险机构开展消防安全技术、产品的研发和应用。《天津市火灾高危单位消防安全管理办法》明确，火灾高危单位应当投保火灾公众责任保险，鼓励火灾高危单位投保其他火灾相关保险，鼓励保险公司承保火灾保险。《河北省火灾高危单位消防安全管理规定》明确，属于公众聚集场所和设置在城镇附近的较大规模易燃易爆危险品生产、储存、经营、使用的火灾高危单位要投保火灾公众责任保险，保险公司要根据承保条件和消防安全专业评估状况合理确定保费。可以看到，以上文件也是以鼓励推动投保火灾相关保险为主，天津市和河北省明确了需要投保火灾公众责任保险的单位类型，对于其他火灾相关保险没有明确要求。

目前，我国火灾相关保险的主要类型为火灾公众责任险，是指在保险有效期限内，被保险人在经营场所内依法从事生产、经营等活动时，一旦发生火灾、爆炸等事故造成第三者人身伤亡所引起的医疗费用和抚恤费用以及依法应由被保险人承担的民事赔偿责任，由保险公司在责任范围内作为赔偿资金的提供者向受害人提供赔偿的险种。从火灾公众责任保险的定义可以看出，火灾公众责任险正是利用市场机制来解决公共场所火灾善后赔偿的手段。如果业主投保火灾公众责任险，由火灾事故导致的赔偿责任的风险将从业主转移到保险公司。此时保险公司将发挥社会管理功能，承担起向受害者进行赔偿的义务，从而使政府得以摆脱潜在赔偿人或义务赔偿人的身份，既可以保持社会稳定，又削减了政府的财政负担。火灾公众责任险的保险费率一般根据被保单位的行业类别、营业面积、建筑物结构、被保单位防火设施（包括相关消防手续、总平面布局、平面布置、安全疏散、消防设施、人员素质等）等制定系数，保费为基准保险费乘以系数，单位消防设施条件越好，系数越低，保费越低。同时，年度没有发生索赔的，续保时保险费可在标准保险费的基础上下浮，在这一点上，也可以促进投保单位加强消防安全管理。

3 国外建筑材料防火性能监管现状

3.1 美 国

3.1.1 建筑材料的定义及出处

3.1.1.1 《美国联邦法规汇编》

建筑材料是指仅包含本定义第（1）款所列项目之一的物品、材料或用品，但本定义第（2）款规定的情况除外。如果第（1）款所列项目之一包含第（1）款所列其他项目作为输入，则仍属于建筑材料。

（1）所列项目包括：

① 有色金属；

② 塑料和聚合物产品（包括聚氯乙烯、复合建筑材料和用于光纤电缆的聚合物）；

③ 玻璃（包括光学玻璃）；

④ 光纤电缆（包括分支电缆）；

⑤ 光纤；

⑥ 木材；

⑦ 工程木材；

⑧ 石膏板。

（2）少量添加物品、材料、用品或黏合剂用到建筑材料中不会改变建筑材料的分类。

3.1.1.2 联邦紧急事务管理局（FEMA）

建筑材料仅包含本定义第（1）款所列项目之一的物品、材料或用品，但本定义第（2）款规定的情况除外。如果第（1）款所列项目之一包含第（1）款所列的其他项目作为输入，则仍属于建筑材料。

（1）所列项目包括：

① 有色金属；

② 塑料和聚合物产品（包括聚氯乙烯、复合建筑材料和用于光纤电缆的聚合物）；

③ 玻璃（包括光学玻璃）；

④ 光纤电缆（包括分支电缆）；

⑤ 光纤；

⑥ 木材；

⑦ 工程木材；

⑧ 石膏板。

(2) 在建筑材料中少量添加物品、材料、用品或黏合剂不会改变建筑材料的分类。参见《美国联邦法规汇编》第2卷第184.3部分。

3.1.1.3 维基百科、自由百科全书

建筑材料是用于建筑的材料。许多天然存在的物质，如黏土、岩石、砂子、木头，甚至树枝和树叶，都被用于建造建筑物和其他结构，如桥梁。除了天然存在的材料，还有许多人造产品在使用，有些是合成材料，有些不是。在许多国家，建材生产已成为一个成熟的行业，这些材料的使用通常被细分为特定的专业领域，例如木工、绝缘、管道和屋顶工程。它们构成了包括房屋在内的栖息地和建筑。

在市场中，"建筑产品"一词通常指由各种材料制成的现成颗粒或型材，用于装配建筑物的建筑五金件和装饰五金件。建筑产品不包括用于建造建筑物和支撑固定装置的建筑材料，如门窗、橱柜、木制品组件等。建筑产品以模块化的方式支撑和使建筑材料发挥作用。

"建筑产品"也可能指用于将此类硬件组合在一起的物品，例如填缝剂、胶水、油漆以及为建造建筑物而购买的任何其他物品。

3.1.2 建筑材料全生命周期管理的定义及相关内容

3.1.2.1 生命周期评估的定义和方面

生命周期评估（LCA）流程受 ISO 14000 系列国际标准（涉及环境管理）的约束。根据国际标准 ISO 14040，生命周期评估（LCA）是指"对产品系统在其生命周期内的投入、产出和潜在环境影响进行汇编和评估"。

环境毒理学与化学学会（SETAC）的《实践准则》将生命周期评估描述为"一种评估产品、工艺或活动相关环境负担的过程，通过识别和量化所使用的能源和材料以及排放到环境中的废弃物；评估这些使用和排放到环境中的能源和材料的影响；识别和评估影响环境改善的机会"。环境保护署（EPA）将生命周期评估称为"一种评估工业系统的'从摇篮到坟墓'的方法，用于评估产品生命周期的所有阶段"。

3.1.2.2 生命周期阶段

每件产品或流程在其生命周期中都会经历不同的阶段。每个阶段都由一系列活动组成。对于工业产品，这些阶段大致可分为材料采购、制造、使用和维护以及报废。对于建筑，这些阶段可具体划分为材料制造、施工、使用和维护以及报废。

建筑物的生命周期阶段涵盖材料制造，具体包括：从地下开采原材料，将材料运送到制造地点，制造成品或中间材料，建筑产品制造，以及建筑产品的包装和分销。

3.1.2.3 与实际建筑项目施工相关的所有活动

使用和维护：建筑运营，包括能源消耗、用水、环境废弃物产生、建筑组件和系统的维修和更换，以及用于维修和更换的运输和设备使用。

生命周期结束：包括因建筑物拆除和材料填埋而产生的能源消耗和废弃物，以及废

弃材料的运输。与拆除废弃物相关的回收和再利用活动也可能产生"负面影响"。

3.1.2.4 生命周期管理（LCM）

生命周期管理（LCM）是一个利用生命周期评估和生命周期成本（LCC）等方法来支持可持续发展决策的框架。SETAC工作组将生命周期管理定义为"一个灵活的概念、技术和程序综合框架，用于解决产品和组织的环境、经济、技术和社会问题，从生命周期的角度实现环境的持续改善"。生命周期管理（LCM）方法通过提供提高组织及其产品和服务的绩效的框架，可以成为有效商业战略的基础。

3.1.3 美国建筑监管体系

美国各州（市/镇）在建筑监管体系方面，自建筑设计审验至施工监管，再至质量验收，各流程的工作均由不同部门依据规范、标准等文件进行。在州和/或地方层面，通常至少有两个部门负责建筑和消防安全方面的监管：建筑部门（或类似的政府实体，如发展服务部、建筑控制部等）和消防部门（或类似的政府实体，如公共安全部、消防部等）。建筑部门通常有权发放建筑许可证、接受设计并批准施工文件。在施工过程中，建筑部门通常负责确保建筑设计符合适用的规范，并确保实际建造的建筑符合设计文件。一旦建筑最终经过检查并批准，便会颁发入住证书，允许该建筑投入使用。规模较大的建筑部门通常拥有精通建筑施工各方面知识的专业人员，包括建筑、工程和相关行业（如管道、机械和电气），审查、检查和批准职责也相应地分配给这些人员。在规模较小的部门，可能由同一人承担所有这些职责。建筑物投入使用后，则通常由消防部门确保建筑物不存在不当火灾和爆炸隐患，并确保建筑物继续安全供人居住。如果根据建筑物的预期用途（例如易燃或易爆材料的存储、危险工艺的使用）预计建筑物存在重大火灾隐患或风险，则建筑物的设计和建造可能需满足某些消防法规条款。在其他情况下，消防法规主要在建筑物计划设计阶段及投入使用后适用，以确保安全，例如，确定出口保持解锁状态，出口通道内没有可燃材料等条款。在较大的消防部门，通常有一名或多名消防工程师参与审查和检查活动。在较小的部门，这项责任由消防员承担。

3.1.3.1 建筑法规的法律依据、作用、责任和结构

美国宪法的基本原则之一是，只有特定的权力被授予联邦政府，而权力平衡则由人民掌握，人民可以在其所在州内通过州立法机构将任何权力授予州政府。人民通过州宪法授予各州的一项重要权力是警察权：各州有权管理其公民的健康、安全和总体福利。由于建筑法规涉及公众的健康、安全和总体福利，因此警察权力是制定建筑和消防法规的所有权力的来源。

建筑和消防法规纳入州或地方法律或条例后，即可依法强制执行。虽然这是一项立法活动，但大多数建筑和消防法规最初都是由专门负责法规制定的地方或州"委员会"或"理事会"制定的（例如建筑法规委员会、消防法规委员会等）。这些委员会通常包括受影响行业（如建筑和消防安全）和公众的代表，负责评估当地需求、审查法规方案，并向州立法机构或地方政府推荐法规，供其采纳为法律。建筑监管架构如图3-1所示。

建筑和消防法规的适用性和执行力度取决于多种因素，包括采用何种示范法规（如有）、当地修订的类型和范围以及执行责任方。在州和/或地方层面，通常至少有两个部门负责建筑和消防安全方面的监管：建筑部门（或类似的政府实体，如发展服务、建筑控制等）和消防部门（或类似的政府实体，如公共安全部、消防部等）。

在某些司法管辖区，建筑规范和消防规范的制定、颁布和执行由单一机构负责（例如公共安全部），而在其他司法管辖区，这些职责则完全分开（例如"建筑规范委员会"或类似机构，可能隶属于"经济发展办公室"或类似机构，负责制定、颁布和执行建筑规范，而"消防规范委员会"或类似机构，则可能隶属于"州消防局"或其他机构，负责制定、颁布和执行消防规范）。州或地方管辖区的运作结构一般以宪法为基础。示范规范、参考标准和其他实体之间的关系如图3-2所示。

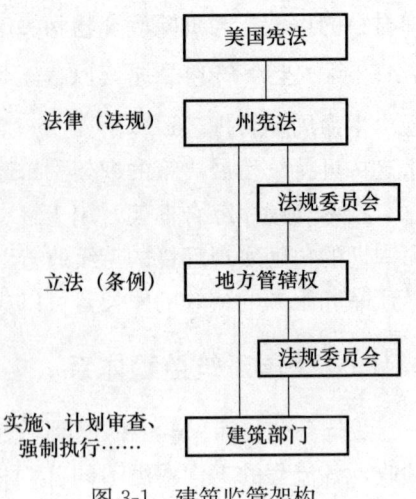

图3-1　建筑监管架构

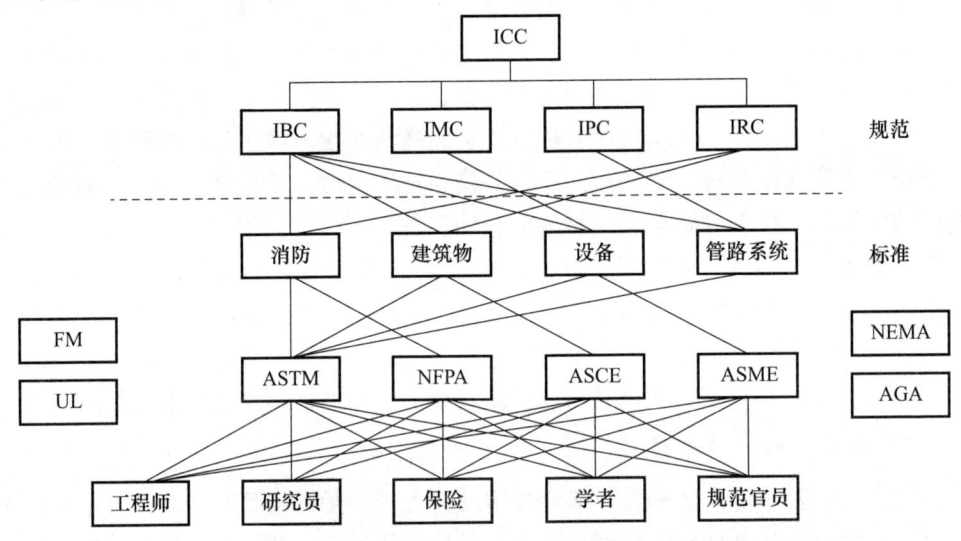

图3-2　示范规范、参考标准和其他实体之间的关系

简而言之，各州有权通过《美国宪法》及其《第十修正案》赋予的警察权力来管理建筑。各州宪法规定了州内建筑管理的具体权力。各州可以选择通过地方自治条款将建筑管理权力下放给地方辖区。建筑法规通常分为两部分：建筑规范涉及设计和建造（入住前），消防规范涉及使用安全。建筑规范和消防规范通常以私营部门制定的"示范"规范为基础。通常会指定规范委员会或理事会制定和/或建议采用建筑规范和消防规范。建筑规范和消防规范参考了各种材料、测试、程序和互操作性标准以及专业实践标准。在州和/或地方层面，建筑和消防部门将分别获得执行建筑和消防法规的特定权力，包括通过适当的建筑设计、施工、运营和维护，保障生命、财产和社区福利的安全。通过

注册、许可和道德规范，建筑师和工程师对某些建筑和消防决策负有责任。众多专业和行业组织以及保险公司、研究人员和学者都参与了法规和标准的制定过程。由于美国各州情况各异，现将以马萨诸塞州为例按照流程及各部门职能分工进行详细介绍。

3.1.3.2 马萨诸塞州联邦结构

马萨诸塞州主要由立法部门、司法部门与行政部门组成，其中涉及建筑及其消防设计审验、施工监管、质量验收等方面的政府部门包括住房与宜居社区执行办公室、公共安全执行办公室及其下属的消防局/消防服务部、劳动和劳动力发展执行办公室及其下属的职业服务部、能源与环境事务执行办公室及其下属的技术援助和技术办公室、地方政府的建筑部门等部门。此外还涉及部分由政府部门人员组成的委员会、董事会组织，包括州建筑委员会/州建筑规范委员会、职业许可部门内的州建筑法规和标准委员会、州消防委员会、消防法规委员会/防火条例委员会等机构。以上政府部门及委员会分别承担了马萨诸塞州的建筑设计审批和建设监管等工作。图3-3为马萨诸塞州主要组织架构的详细情况。

3.1.3.3 马萨诸塞州建筑委员会

马萨诸塞州对于建筑的设计审核验收全流程主要由州建筑委员会/州建筑法规和标准委员会（BBRS）进行把控。该委员会主要由建筑、消防、电气、管道等相关专业领域的政府职能人员、注册工程师、专家、承包商组成。该委员会负责监督马萨诸塞州的建筑规范和建筑监理许可，承担了州内除联邦管辖外几乎所有建筑的设计审核验收维护、建筑法规的颁布修改撤销、许可证的审批发放驳回、注册工程师的考核许可继续教育等工作。该委员会还负责混凝土测试实验室和技术人员的许可、预制建筑和相关检查程序的批准、本地木材生产商的批准以及市政建筑检查员的认证。其中，建筑检查员/专员作为最为核心的一环，负责州建筑委员会的主要职责及工作内容，由各市/镇行政主管聘用或指定。

3.1.3.4 马萨诸塞州建筑法规和标准委员会组织架构

特此在职业许可部门内设立一个委员会，称为州建筑法规和标准委员会。委员会应通过并执行州建筑法规。委员会由15名成员组成，其中1名为州消防队长或其指定人员，1名为职业许可部门专员或其指定人员，1名为能源专员或其指定人员，所有3名成员均为委员会必备成员和有表决权的成员；其余12名成员由州长任命，其中1人应为注册建筑师，1人应为注册机械工程师，1人应为注册结构工程师，1人应为建筑行业代表，1人应为商业或工业建筑总承包商，1人应为一至两户住宅的建筑承包商，1人应为当地消防部门负责人，1人应为商业建筑能效专家，1人应为住宅建筑能效专家，1人应为先进建筑技术专家，1人应为城镇建筑检查员，1人应为城市建筑检查员。代表相应选区的组织应提交董事会成员的人选名单。每位成员的任期为5年，但州长在首次任命时，应任命1名成员任期1年，并指定2名成员分别任职2年、3年、4年和5年。任何被任命填补空缺的人仅应任职至任期届满。任何成员都有资格连任第二个任期，但总任期不得超过10年。任何委员会成员均可因故被州长免职，但须事先收到书面指控说明并有机会就此进行申辩。任何成员均不得在涉及其个人权利（与公共利益不同）的事项上担任委员会成员或投票。

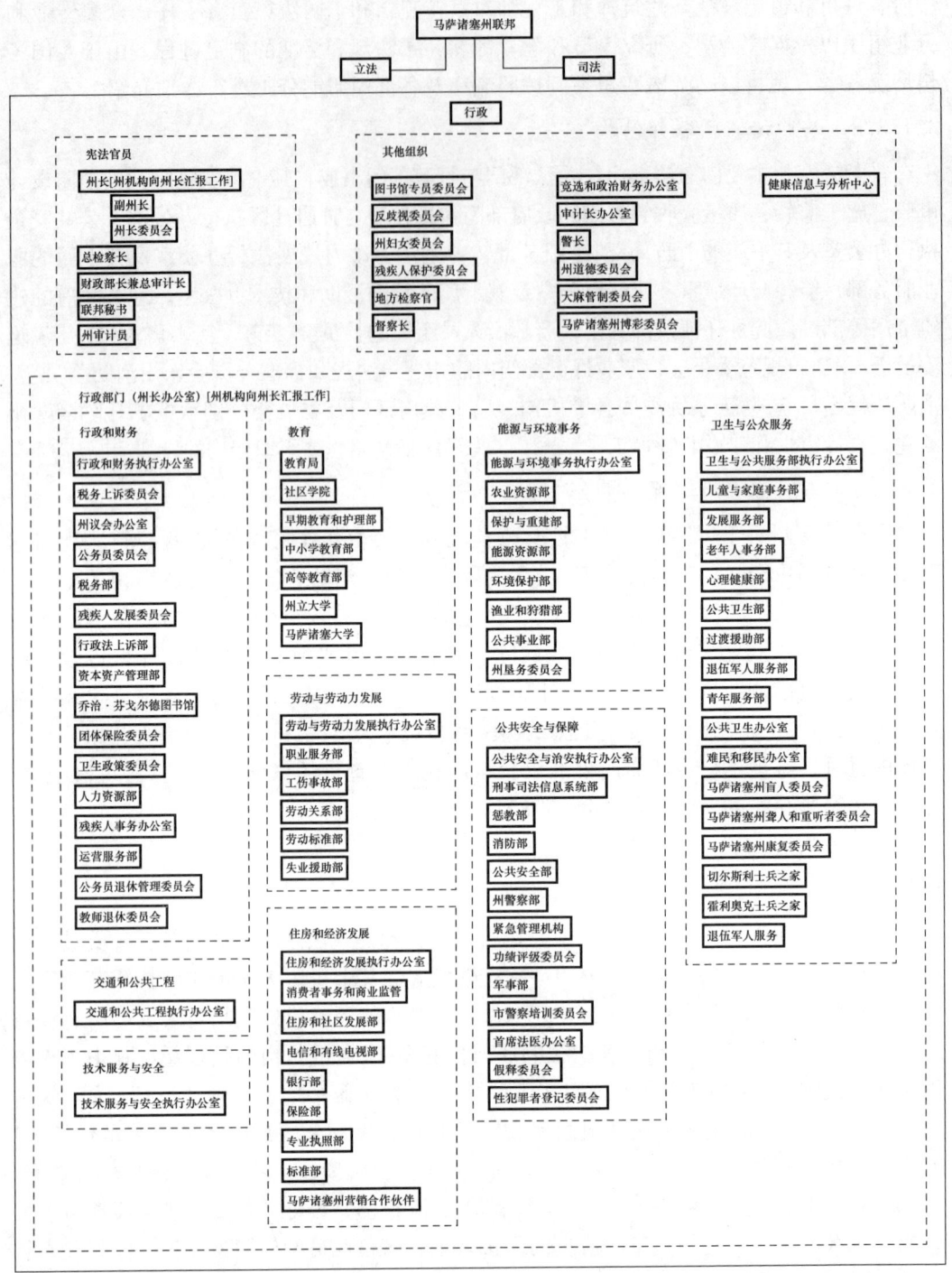

图 3-3 马萨诸塞州组织架构

委员会应每年从其成员中选举 1 名主席和 1 名副主席；但是，任何成员担任主席或副主席的连续年限不得超过 2 年，总年限不得超过 4 年。

职业执照部门专员或其指定人员应与能源资源专员协商，负责妥善管理委员会的活动并监督其工作人员。该部门可聘用其他必要的专业、技术和文职人员协助委员会工作。图3-4为马萨诸塞州建筑委员会组织架构的具体情况。

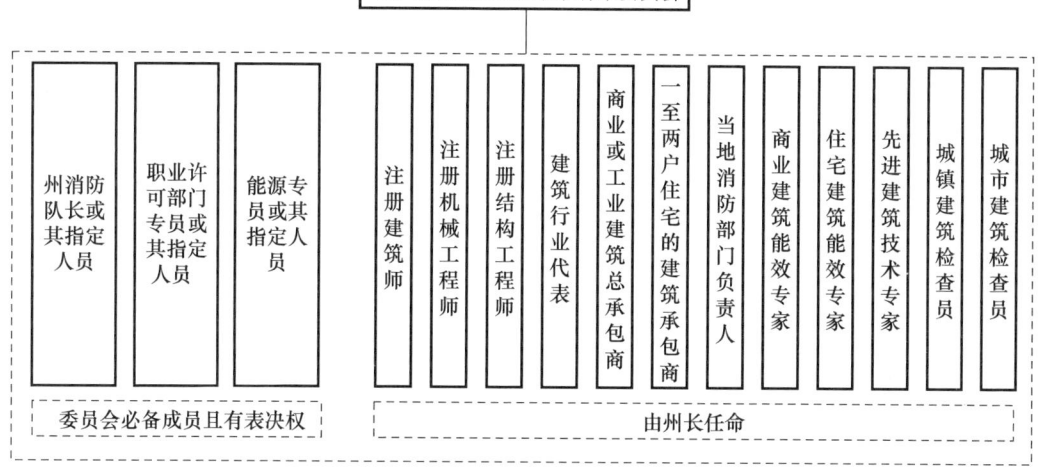

图3-4 马萨诸塞州建筑委员会组织架构

3.1.3.5 马萨诸塞州职业执照委员会

专业执照部门（DPL）/职业许可部门（DOL）是根据马萨诸塞州一般法律的第13章第8节设立，为消费者事务和商业监管办公室下属的一个监管机构。DPL负责监管28个注册委员会，以及公共安全与检查办公室和私立职业学校教育办公室，其中包括建筑师注册委员会、房屋检查师注册委员会等。DPL下属委员会和办公室共同负责为马萨诸塞州从事150多种行业和职业的58万余人、企业和学校颁发执照并实施监管。建筑法规和标准委员会作为其监管委员会之一，主要负责建筑监理（不限）、建筑监理（单户和双户）、专业建筑监理、建筑专员、预制建筑项目——制造商、预制建筑项目——第三方检验机构的许可与授权。公共安全与检查办公室（OPSI）为建筑施工和设计、休闲电车和娱乐行业及其他与建筑相关的团体提供服务。OPSI旨在促进电梯、建筑、娱乐和电车设备的设计、施工、安装、检查、操作、维修和改造的安全性，包括监督马萨诸塞州建筑规范780 CMR。OPSI还通过检查、许可、合规和法规制定，监督所有新建和现有建筑中残疾人安全进出通道。OPSI负责在多个领域对个人进行许可、认证、注册或批准，并批准持证人的继续教育计划。OPSI涵盖了建筑物无障碍委员会、建筑法规和标准委员会、建筑监理许可证、建筑专员认证委员会、电梯法规委员会、电梯检查员委员会等部门组织。

3.1.4 建筑全流程管理

3.1.4.1 建筑设计阶段

由于美国政府在联邦层面没有设立专门制定和管理建筑与消防法规的部门，所以该类部门一般设置于各州政府部门之下。美国联邦政府以及各州、地方政府均对建设工程消防设计、施工质量进行监督管理，建设部门或消防部门负责建设工程消防设计审核与验收工作。建设工程消防设计审核是建设管理部门核发开工证的前提条件，对建设管理部门统一受理转送的方案设计、建筑施工图设计、消防设施专项设计进行分阶段审核；消防验收是政府部门核发营业执照与开通水、电、气的前提条件，验收分段进行，消防隐蔽工程完成前，必须经消防部门检查一次，所有工程完成后，还要进行最后的消防验收。消防部门无力承担建设工程消防审核、验收工作时，可以委托注册消防工程师审查、验收，消防部门做最后的把关。

以马萨诸塞州为例，根据《马萨诸塞州建筑规范》的要求，建筑在建造、改造、扩建、维修和拆除之前均要向当地建设部门提交申请，获得许可。提交申请的材料包括申请表格、设计图纸、设计说明等。建设部门须在收到满足要求的材料后30天内给出审核结果，审核通过后颁发施工许可证。对于特殊建筑（包括商场、高层建筑、地下建筑、高危险场所、娱乐场所、儿童活动场所等）、消防系统和既有建筑，《马萨诸塞州建筑规范》还要求相关建筑文件需同时提交给当地的消防部门和建设部门共同审核。消防部门一般需在收到相关文件后10个工作日内给出审核结果，最长不超过30个工作日。消防部门的审核结果提交给建设部门，如果消防部门未通过审核，需要给出具体的违反条款。

3.1.4.1.1 监管主体

（1）建筑部门

建设工程的许可证一般由各州或各市的建设部门颁发。对于住宅、商业、工业及其他类别的建筑而言，通常包括：设计审查、施工期间的现场检查和颁发使用证书。该过程包括建筑、管道、机械、电气、热能动力、消防和其他相关的内容。

（2）消防部门

对建筑的设计审查，美国大多数州或城市是由建设部门统一受理，消防部门只对防火方面审查提出意见，然后由建设行政部门综合审批。

3.1.4.1.2 责任主体

美国建筑设计阶段的责任主体通常包括建筑师、各类工程师、项目经理等。建筑师是设计过程中的核心主体，负责建筑的总体设计、空间规划、功能布局等方面，须确保设计符合当地建筑规范和法规；各类工程师负责确保建筑的结构安全和稳定、机械、电气和管道设计、建筑材料的使用等；项目经理负责协调各个设计团队的工作，确保项目正常进行。

3.1.4.1.3 监管方式

以下为马萨诸塞州建筑部门设计阶段主要职责：

（1）审查和批准建筑设计图纸：确保所有建筑设计图纸符合国家和地方的建筑法规、标准和规范，如《国际建筑规范》（IBC）、《马萨诸塞州建筑规范》等。

（2）确保结构安全：评估建筑物的结构设计，包括地基、框架、承重墙、梁和柱，确保其结构安全可靠。

（3）检查建筑材料和施工方法：确保所使用的建筑材料和施工方法符合安全和质量标准。

（4）审批建筑许可：在确认建筑设计符合所有法规和标准后，发放建筑许可。

(5) 协调各部门审批：与其他相关部门（如消防部门、环境保护部门、卫生部门等）协调，确保建筑设计符合多方面的安全和健康要求。

(6) 能源效率和环保合规：确保建筑设计符合能源效率和环保法规，如《能源政策和保护法案》及地方的绿色建筑规范。

(7) 审查和批准改建及扩建：审核和批准现有建筑物的改建和扩建计划，确保其符合最新的建筑法规和标准。

(8) 参与设计会议：与建筑师、工程师和开发商进行沟通，提供专业建议，确保设计方案在安全、合规的前提下实现。

(9) 建筑规划和区域划分：确保建筑设计符合区域规划和用途划分，符合城市发展计划和土地使用规定。

(10) 监督施工过程：在施工阶段进行现场检查，确保施工按图纸和规范进行，并及时发现和纠正任何违规行为。

以下为马萨诸塞州消防部门在设计阶段的主要职责：

(1) 审查和批准建筑设计图纸：消防部门会对新建建筑（包括装修工程、用途改变）进行建筑设计图纸审查，确保符合国家和地方的消防法规和标准，如《国际建筑规范》(IBC)和《国家消防协会标准》(NFPA)。

(2) 检查消防系统设计：审查和批准建筑物内的消防系统设计，包括火灾报警系统、自动喷水灭火系统、消防栓、灭火器等，确保其设计和安装符合相关标准。

(3) 评估消防通道和出口：确保建筑物设计中包含足够且符合标准的消防通道和紧急出口，以保证在紧急情况下人员能够迅速、安全地疏散。

(4) 参与建筑设计会议：与建筑师、工程师和开发商进行沟通和协作，提供专业意见和建议，以确保在设计阶段就考虑到消防安全。

(5) 审核防火分区和防火墙设计：确保建筑物设计中的防火分区和防火墙设置合理，能够有效防止火势蔓延。

(6) 审核燃气和电气系统设计：确保燃气和电气系统的设计符合安全标准，防止火灾隐患。

(7) 参与消防演习和应急预案制定：帮助制定建筑物的应急预案，参与并指导消防演习，确保人员熟悉逃生路线和应急程序。

(8) 发放建筑许可和消防安全证书：在建筑设计和施工符合所有消防安全要求后，发放相关的建筑许可和消防安全证书。

3.1.4.1.4　州建筑法规和标准委员会在此期间的权力与职能

(1) 向担任建筑监理的个人发放许可证。此类许可证的费用应由联邦政府收取并保留。

(2) 在适当的情况下，指定并保留某些合格的第三方代理人，为委员会提供筛选、测试或技术服务（包括替代材料、设计和施工方法及设备、新材料等内容），以履行其职责。

3.1.4.1.5　州建筑法规和标准委员会的建筑检查员/专员在此期间的基本职责

(1) 接收并审查建筑许可证申请，确保其符合国家、州建筑规范。

（2）审查建筑施工、改建或维修计划；批准并发放建筑许可证，但须经检查服务部负责人审查和批准；计算并收取费用；监督相关记录的维护。根据法定条例，准备并保存检查记录，并准备报告供其他市政官员、行政或司法当局使用；必要时与其他法规检查员进行协商。

（3）负责执行与建筑、重建、扩建或改建建筑物及构筑物相关的州建筑规范或法律、细则、条例、规则或联邦、城市、城镇或地区的任何官员、董事会或委员会的法规，不得接受或批准任何未加盖建筑师或专业工程师注册印章的图纸或规格，除非另有规定，无须由注册建筑师或注册专业工程师编制；但这不得被理解为授权注册建筑师或注册专业工程师编制或提交根据任何其他法律规定禁止其编制或提交的图纸和规格。

3.1.4.2 建筑建设阶段

3.1.4.2.1 监管主体

在建筑建设阶段，建筑部门和消防部门都有各自的职责，但也存在一些共同点和不同点。建筑部门在建筑建设阶段的职责主要集中在结构安全、材料和施工方法、建筑规划和能源效率等方面，而消防部门的职责则主要集中在消防系统的设计和安装、消防通道和出口、防火分区和防火墙以及燃气和电气系统的消防安全等方面。虽然两者有许多共同点，但各自的侧重点和具体职责有所不同，共同确保建筑项目的全面安全和合规性。

3.1.4.2.2 责任主体

承包商是负责整体施工的主要主体，负责管理工地、协调人工、采购材料以及确保项目按照设计图纸和规范进行施工。虽然建筑师的主要角色是在设计阶段，但他们在建设阶段也会参与监督，以确保施工符合设计方案，定期到现场检查施工进展。部分业主会聘请监理或施工经理来负责监督施工过程，此时监理或施工经理具有监督建筑的责任。

3.1.4.2.3 监管方式

建筑部门在建筑建设阶段的主要职责包括：

（1）现场检查：定期检查施工现场，确保施工过程符合批准的设计图纸、规范和建筑许可要求。

（2）确保合规性：确保施工活动符合所有相关的建筑法规、标准和地方条例，包括安全、环保和能源效率等方面。

（3）检查施工质量：监督建筑材料和施工方法，确保其符合质量和安全标准。包括对混凝土浇筑、钢结构安装、防水处理等关键施工环节的检查。

（4）审查和批准变更请求：在施工过程中，任何设计或施工变更都需要得到建筑部门的审查和批准，确保变更符合法规和标准。

（5）消防系统检查：与消防部门合作，检查火灾报警系统、自动喷水灭火系统、消防栓和其他消防设备的安装和调试，确保其正常工作。

（6）电气和管道检查：监督电气系统、管道系统、暖通空调（HVAC）系统的安装和调试，确保其符合安全和性能标准。

（7）解决违规行为：发现并纠正任何不符合规范的施工行为，发布整改通知，并在必要时暂停施工。

(8) 施工安全监督：确保施工现场的安全措施到位，防止工伤事故和其他安全隐患，监督施工人员遵守安全规程。

(9) 协调与沟通：与开发商、承包商、工程师和其他相关方进行沟通，解决施工过程中出现的问题和争议。

(10) 档案管理：保存所有施工记录、检查报告、变更请求和批准文件，确保建筑项目的完整文档记录。

消防部门在建筑建设阶段的主要职责包括：

(1) 审查和批准消防系统设计：确保建筑物内的消防系统设计符合国家和地方的消防法规和标准，包括火灾报警系统、自动喷水灭火系统、消防栓、灭火器等。

(2) 现场检查：定期检查施工现场，确保消防系统的安装符合设计图纸和相关规范，包括火灾报警系统、喷淋系统和其他消防设备的正确安装和调试。

(3) 消防通道和出口检查：检查建筑物内的消防通道和紧急出口，确保其数量、位置和标识符合规定，并且畅通无阻，能够在紧急情况下安全疏散人员。

(4) 检查防火分区和防火墙：确保防火分区和防火墙的施工符合设计要求，能够有效防止火灾蔓延。

(5) 审查燃气和电气系统：与建筑部门合作，确保燃气和电气系统的安装符合消防安全标准，减少火灾风险。

(6) 参与现场协调会议：与建筑部门、承包商和其他相关方进行沟通，解决施工过程中与消防相关的问题。

(7) 培训和教育：对施工人员进行消防安全培训，确保他们了解并遵守消防安全规定，知道如何正确使用消防设备。

(8) 发放临时使用许可：在施工过程中，如果需要将部分建筑提前投入使用，消防部门会进行检查，并在确认符合安全标准后发放临时使用许可。

(9) 检测和测试：监督和参与消防系统的功能测试，确保所有系统在投入使用前运行正常。

(10) 处理投诉和违规行为：接受和调查与消防安全相关的投诉，发现并处理施工过程中违反消防规定的行为。

3.1.4.2.4 州建筑法规和标准委员会的建筑检查员/专员在此期间的基本职责

(1) 检查在建、维修或已建建筑是否符合结构要求和批准的计划。如有需要，颁发入住证明。根据建筑规范的要求进行其他检查，包括但不限于学校、教堂、餐厅、礼堂等。

(2) 审查场地规划、特殊许可和变更申请，并进行现场检查，以审查特殊许可发放后的工程进度。

(3) 处理与施工方式或方法以及建筑、扩建、改建、维修、拆除、安装服务设备时所用材料有关的所有问题，以及所有城镇建筑和结构的位置、使用、占用和维护，除非法律另有明确规定。

(4) 在施工期间和施工后检查住宅、商业、工业和其他建筑，确保地基、楼板、已完成的框架、烟囱和楼梯等构件符合建筑、分级、分区和安全法律的规定以及批准的规划、规范和标准;准备文件,就建筑部门的决定或命令提出上诉,并在地区高等法院为其行为辩护。

(5) 在确定施工违反法规、细则或安全程序时,可发出停工令。

3.1.4.3 建筑竣工验收阶段

3.1.4.3.1 监管主体

在建筑竣工验收阶段,建筑部门和消防部门各自发挥关键作用,确保建筑物符合所有相关的安全、质量和法规要求。建筑部门主要关注结构安全、材料质量、电气和管道系统、无障碍设施和能源效率,而消防部门则专注于消防系统、通道和出口、防火分区和燃气电气系统的消防安全。两部门的协调合作确保建筑物在竣工时达到最高的安全标准,保障使用者的安全和健康。在建筑竣工验收阶段,建筑部门和消防部门的职责虽各有侧重,但相辅相成,共同确保建筑物的综合安全性。

3.1.4.3.2 责任主体

业主是建筑项目的最终接受者,负责进行最终验收,并审核施工是否符合合同要求和设计标准。承包商在验收阶段负责确保所有施工工作已完工,并满足设计和规范要求。当地建筑部门会进行正式的检查和审核,以确保建筑符合所有相关的建筑法规和安全标准,并发放最终的使用许可证,这是建筑合法使用的必要条件。业主或承包商可能会聘请第三方检查机构,对施工进行独立评估和验收,以确保其符合行业标准和最佳实践,此时第三方检查机构对建筑的验收负主要责任。

3.1.4.3.3 监管方式

建筑部门在建筑竣工验收阶段的主要职责包括:

(1) 最终检查:进行全面的最终检查,确保建筑物的所有部分符合设计图纸、规范和建筑许可要求。这包括结构安全、电气系统、管道系统、暖通空调(HVAC)系统、建筑外观等各个方面。

(2) 协调各专业部门检查:协调其他专业部门(如消防部门、电气检查员、管道检查员等)的最终检查,确保所有系统和设备都符合相关标准和规范。

(3) 检查施工记录和文件:审查施工过程中所有的记录、检查报告、变更请求和批准文件,确保所有文件齐全且符合要求。

(4) 确认整改事项:确保之前检查中发现的所有问题和违规事项已被整改完毕,并再次检查已整改的部分。

(5) 评估消防安全:与消防部门合作,确保所有消防系统和设备已安装并测试完毕,且符合消防安全标准。

(6) 检查出入口和通道:确认建筑物内外的所有出入口、紧急出口和通道的设置符合规范,确保在紧急情况下人员可以安全疏散。

(7) 能源效率和环保合规检查:确保建筑物符合能源效率和环保法规,包括检查绝缘材料、节能设备和环保措施等。

(8) 确认无障碍设施:确保建筑物内外的无障碍设施符合《美国残疾人法案》(ADA)和地方的无障碍设计规范,保障残疾人的使用便利。

(9) 发放竣工证书和使用许可：在确认建筑物符合所有法规和标准后，发放竣工证书和使用许可，允许建筑物正式投入使用。

(10) 保存档案：保存所有竣工验收相关的文件和记录，确保有完整的建筑项目档案。

消防部门在建筑竣工验收阶段的主要职责包括：

(1) 最终消防检查：进行全面的消防安全检查，确保所有消防系统和设备按照设计和规范正确安装并正常工作。这包括火灾报警系统、自动喷水灭火系统、消防栓、灭火器等。

(2) 功能测试：对所有消防系统和设备进行功能测试，确保其在紧急情况下能够正常运行。例如，测试火灾报警系统是否能够正确检测火灾并发出警报，检查自动喷水灭火系统是否能够正常启动。

(3) 检查消防通道和紧急出口：确保所有消防通道和紧急出口畅通无阻，符合规范，并且标识清晰。确认这些通道和出口可以在紧急情况下安全疏散人员。

(4) 审核防火分区和防火墙：确保建筑物内的防火分区和防火墙已经按设计要求施工，能够有效防止火势蔓延。

(5) 确认消防设备标识：确保所有消防设备和设施，包括消防栓、灭火器、报警器等，都有清晰的标识，并且标识符合相关规定。

(6) 检查燃气和电气系统的消防安全：确保燃气和电气系统的安装符合消防安全标准，减少火灾风险。

(7) 与建筑部门协调：与建筑部门合作，确认建筑物的所有系统和设备都符合消防安全要求，并协调解决检查过程中发现的任何问题。

(8) 培训和教育：在必要时，对建筑物的管理人员和使用人员进行消防安全培训，确保他们了解并能够正确使用消防设备，掌握应急疏散程序。

(9) 发放消防安全证书：在确认建筑物符合所有消防安全要求后，发放消防安全证书，允许建筑物正式投入使用。

(10) 档案管理：保存所有检查报告、测试记录和相关文件，确保有完整的消防安全档案记录。

3.1.4.4 关于建筑产品/材料

在建筑设计和竣工验收两个阶段，建筑部门和消防部门对于建筑材料和产品的重心各有侧重。以下是对于建筑材料和产品，这两个阶段两个部门各自职责的总结。

3.1.4.4.1 建筑设计阶段

(1) 建筑部门

① 材料选择与规范：确保建筑设计中所选用的材料、产品符合国家和地方的建筑规范和标准，如《国际建筑规范》(IBC)。

② 结构材料评估：审核用于结构部分的材料（如混凝土、钢材、木材等），确保其强度和耐久性。

③ 环保和节能材料：评估设计中使用的环保和节能材料，确保符合能源效率和环保法规。

（2）消防部门

① 防火材料和产品：确保设计中使用的防火材料（如防火门、防火窗、防火涂料等）符合消防安全标准。

② 消防系统组件：审核设计中包含的消防系统组件（如火灾报警器、喷水灭火系统），确保其符合相关消防规范。

3.1.4.4.2 竣工验收阶段

（1）建筑部门

① 材料和施工质量检查：进行最终检查，确保所有建筑材料和施工质量符合设计和规范要求。

② 环保和节能材料验收：确认使用的环保和节能材料达到预期的效果，符合能源效率和环保标准。

③ 结构完整性评估：检查用于建筑结构的材料是否在施工过程中保持了预期的性能和安全性。

（2）消防部门

① 防火材料和系统功能测试：进行防火材料和消防系统的功能测试，确保其在紧急情况下能够正常工作。

② 紧急通道和防火分区验收：检查防火门、防火墙等防火分区材料的施工质量，确保其达到防火要求。

③ 消防设备和标识检查：确认所有消防设备和设施（如灭火器、消防栓等）的安装和标识符合消防安全规范。

两部门的职责各有侧重，但共同确保建筑物在材料选择、使用和最终验收上达到安全、质量和合规的标准。其中，建筑部门在设计阶段关注材料的规范性和适用性，在建设阶段关注材料的质量控制和施工方法，在竣工验收阶段关注材料和施工质量的符合性。而消防部门在设计阶段关注防火材料和消防系统的规范性，在建设阶段关注防火材料的安装和消防设备的施工，在竣工验收阶段关注防火材料和消防系统的功能测试和验收。

3.1.4.5 相关流程

美国不同州、市、县的消防法律法规不尽相同。总体来讲，消防部门在消防监督中的主要职能包括：负责对新建建筑（包括装修工程、用途改变的建筑）进行图纸审核、竣工检查验收；实施防火安全检查；重点对火灾危险性大的场所和建筑进行检查；开展火灾和化学灾害事故调查。消防部门在消防管理中非常重视服务质量和公民满意度，建立了公共信息公开机制，及时公布火灾信息，第一时间向媒体和公众通报火灾情况和宣传防灾减灾知识。同时，消防部门还通过大量中介机构征求公民对消防管理工作的意见和建议。

消防部门对单位的管理一般是属地管辖，对特殊建筑和场所实行分级管理，如白宫、国会山等特别重要的建筑由联邦政府消防部门负责管理，纽约地铁中心站等重要场所由州政府消防部门负责管理，其他场所原则上按属地由市、县消防部门负责管理。

3.1.4.5.1 地方政府的建筑部门

地方政府，即市/镇政府通常会设立专门部门处理建筑消防方面的工作。该部门通常为建筑与检查部门，也可能有其他名称或附属于其他建筑或消防方面的部门，但其工作内容及职责基本一致，其所有职能可以大致概括为以下几步流程。

(1) 建筑部门

① 接收信息（许可证申请、计划、规格、投诉等）；

② 审查信息是否符合法律标准（建筑、管道、电气、分区规范等）；

③ 签发批准书或整改清单（许可证、缺陷通知、停止令等）；

④ 实地检查事项合规性；

⑤ 签署或发出更正通知；

⑥ 将上述所有内容作为公共记录进行存储，并根据要求提供；

⑦ 遵循州和地方部门的财务流程。

(2) 检查部门

① 建筑许可证及检查；

② 电气许可证及检查；

③ 管道和燃气许可证及检查；

④ 分区法规管理与执行；

⑤ 分区上诉委员会的行政支持；

⑥ 度量衡检验员；

⑦ 市政建筑维护的行政支持。

a. 市政大楼；

b. 老年中心；

c. 青年中心。

(3) 管理和执行依据

① 州建筑规范；

② 州电气规范；

③ 州管道规范；

④ 度量衡规则和条例；

⑤ 城市自有建筑的维护；

⑥ 围墙相关法律。

3.1.4.5.2 建筑部门及消防部门建筑审查流程

建筑部门审查流程包括初步审查（提交申请、初步审查）、详细审查（结构安全审查、材料和施工方法审查、电气和管道系统审查、能源效率和环保审查、区域规划和用途审查）、审批和发放许可（协调各部门意见、最终批准）、施工阶段检查（现场检查、中期检查、变更审查）、竣工验收（最终检查、发放竣工证书）。

消防部门审查流程包括初步审查（提交申请、初步审查）、详细审查（消防系统设计审查、防火材料和产品审查、消防通道和出口审查）、审批和发放许可（协调意见、最终批准）、施工阶段检查（现场检查、消防系统安装监督、变更审查）、竣工验收（最终消防检查、功能测试、发放消防安全证书）。

图3-5和图3-6分别为消防部门新建工程审查流程和建筑部门建筑工程审查流程。

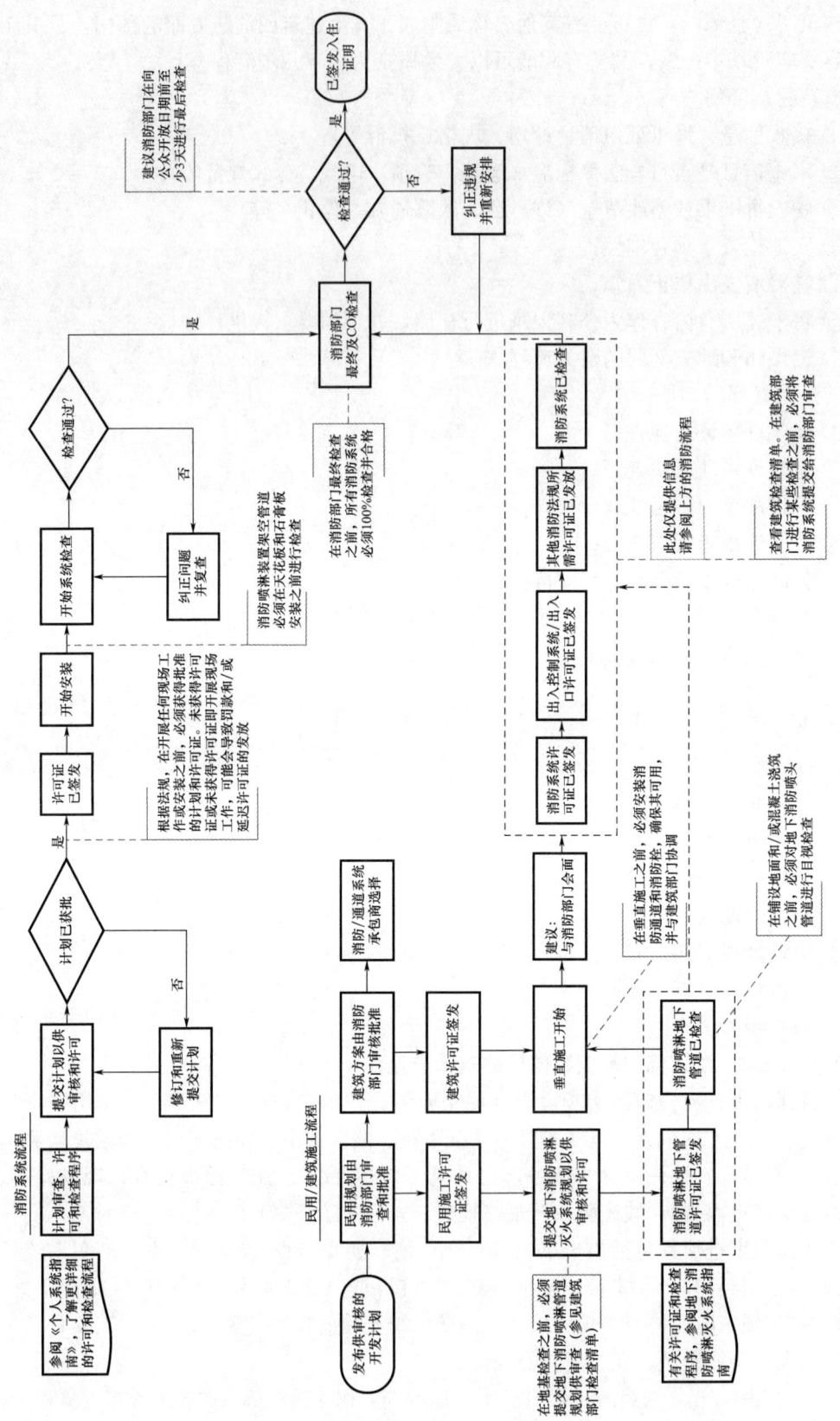

图 3-5 消防部门新建工程审查流程

3 国外建筑材料防火性能监管现状

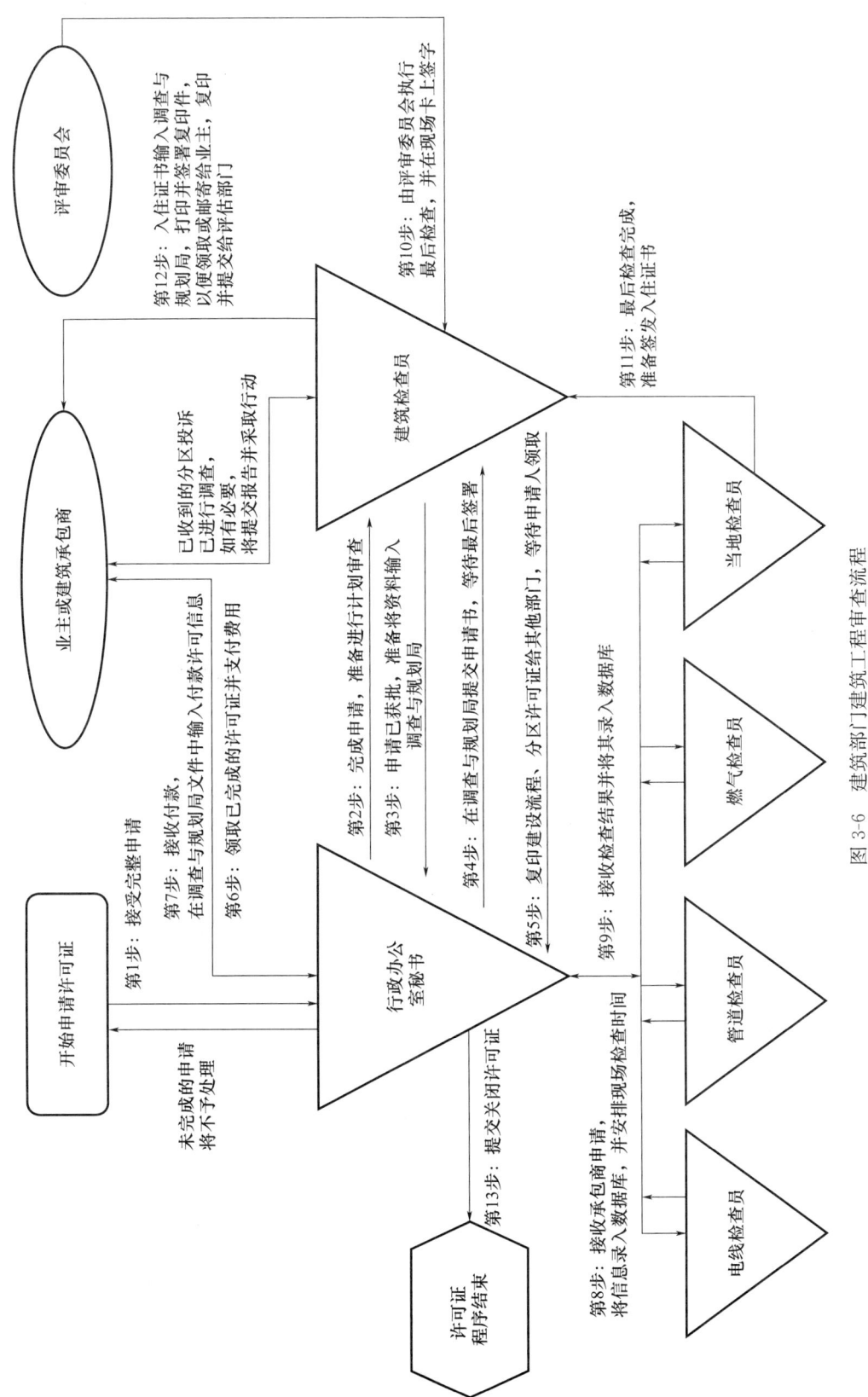

图 3-6 建筑部门建筑工程审查流程

3.1.4.6 建筑材料质量监督及处置措施

3.1.4.6.1 质量监督

质量是建筑工程的理想特性（基于所有利益相关者的期望）。建筑质量的核心是指建筑项目在工作范围（SOW）规定的既定准则内完成。SOW是一套基于客户期望的项目规则，阐明了如何以符合这些标准的方式执行项目。

质量保证（QA）：是在建筑项目开始之前和之后制定的一套有计划、有系统的行动方案。这是（质量控制周期之外的）另一层质量审查，为建筑工程满足质量要求提供足够的信心。

质量控制（QC）：用于满足建筑工程质量要求的操作技术和活动（如审查、检查、检验、测试等）。简单地说，质量控制就是检查施工现场以发现和纠正缺陷的过程。

质量体系（QS）：一套记录在案的流程，旨在为项目产出满足功能要求提供信心。质量体系应包括分项目的组织、责任、人力资源、材料、设备、工艺、检查、测试和其他参数。质量体系的一个关键要素是《质量保证/质量控制手册》。

缺陷：是指任何偏离计划或规范的行为，可导致工程质量下降、工程使用寿命缩短、工程功能受损、出现不安全状况，或材料外观发生变化，若工地工程师认为不满意，需要按照合同、技术规范和工程量清单（BOQ）进行处理。

3.1.4.6.2 测试计划和日志

测试计划是一份详细的文件，其中说明了测试策略、目标、时间表、估算、可交付成果以及对建筑工程进行测试所需的资源。测试计划有助于确定验证被测材料质量所需的工作。

进行测试时，承包商的项目经理或现场工程师应在"测试计划和日志"上记录测试的日期和测试结果，以及发送给现场工程师的日期。工地工程师应将所有测试结果提交给客户。

如有必要，应在施工活动开始前进行材料合格性测试，以核实材料符合合同、技术规范和《货物和服务价目表》的要求。承包商应获取被指定为拟议材料来源材料的代表性样品。测试样品应由承包商送往经认可的测试实验室。测试实验室应报告所有测试结果，以确定材料质量。

客户应定期检查所使用的材料。如果确定所用材料的特性与最初测试或设计的材料不同，承包商应重复进行合格测试。如果新的材料合格测试结果符合技术规范确定的标准，则可将材料用于工程。否则，应使用先前批准的材料，或按上述方法对其他可接受的材料进行抽样和测试。

3.1.4.6.3 建筑材料的测试方法和频率

所有质量保证测试均应按照项目规范、合同、技术规范、《货物和服务价目表》和单个项目的施工计划进行。工地工程师应遵守之前确定的所有相关检测方法。测试结果的记录和报告应包括在每日施工质量控制报告和输入的质量控制系统中。

所有测试结果均应更新、单独存档并提交给客户。所有测试均应按照国际规范和/或规格进行。

3.1.4.6.4 完成返工项目程序

无论是由客户、现场工程师和/或承包商/设计师发现,任何系统缺陷的迹象都应当导致对系统进行修改,以纠正这些缺陷。当现场工程师发现缺陷时,应书面通知承包商,并应立即停止工作或停止使用有缺陷的材料。承包商应在工作开始前修复/更换或纠正缺陷。如果承包商认为可以自费进行适当的维修,则承包商必须制订维修或纠正计划,并提交给客户和现场工程师批准。

(1) 责任

现场工程师有责任确保及时纠正已发现的施工缺陷。客户发现的缺陷也应记录在案并及时纠正。

(2) 返工项目清单

现场工程师应保留一份不符合施工计划、技术规范、合同和清单的工程清单。清单应包含以下详细信息:识别哪些项目需要返工;最初发现缺陷的日期;纠正项目的日期,当天发现的缺陷不应在此日志中报告,而应在每日质量控制报告中报告。

(3) 施工返工程序

当在已完成的建筑工程、材料和安装中发现不符合技术规格或图纸的情况时,承包商的项目经理和现场工程师应确保识别出不合规的材料、工程或安装,并将其单独存放,以防止意外使用。现场工程师应立即将任何不符合规定的情况通知承包商。承包商收到通知后应立即采取纠正措施。合同要求和/或质量方面的变更应记录在案,以便承包商采取纠正措施。应向承包商出具不合格报告,要求其在 3 个工作日内采取纠正措施。如果承包商在收到通知 5 天后仍未纠正轻微缺陷,则应将其视为不合格,并正式记录在案。如果承包商未能在规定的时间内对已确认的不合格项采取纠正措施,则应向承包商发出停工令。相关或持续性施工活动应立即停止,直到对结构或设施完整性和/或公众安全至关重要的缺陷得到纠正。在发出停工令后,现场工程师应通知客户,以帮助解决承包商管理方面的问题。

3.1.4.7 建筑材料出厂前的监管

在建筑材料及其产品进入工厂和进行工厂加工时,监管主体包括多方,旨在确保材料和产品的质量、安全和合规性。以下是对这一过程中的监管主体和具体措施:

(1) 供应商和制造商自检程序

① 质量管理体系:供应商和制造商通常实施质量管理体系(如 ISO 9001),确保其生产过程和产品质量符合标准。

② 出厂检验报告:在材料和产品发货前,制造商会提供出厂检验报告,记录规格、性能和质量检测结果。

③ 材料追溯:建立材料追溯系统,确保每批材料和产品的来源和质量可以追溯。

(2) 第三方检测和认证机构质量检测

① 独立检测:第三方检测机构对进入工厂的材料进行独立检测,验证其是否符合国家和地方标准。

② 认证服务:对特定材料(如防火材料)进行认证,确保其符合相关的安全和性能标准。

（3）工厂内的质量控制和管理

① 进货检验：工厂对进入工厂的材料进行进货检验，确保其符合采购合同和技术规范。

② 工厂加工控制：工厂内设有质量控制部门，对材料的加工过程进行监控，确保加工符合设计和工艺要求。

③ 加工记录：记录加工过程中的每个步骤，确保有据可查，便于追溯和质量控制。

（4）建筑部门的角色——制定建筑材料规范和标准

① 规范和标准：建筑部门制定建筑材料的规范和标准，工厂加工过程中必须遵循这些规范。

② 质量监督：虽然建筑部门主要在施工阶段进行监督，但他们可能要求在工厂加工阶段提供质量证明文件和第三方检测报告。

（5）消防部门的角色——监管防火材料和产品

① 防火材料标准：消防部门制定防火材料的标准和规范，工厂加工过程中必须遵循这些规范。

② 防火材料检验：在加工过程中，消防部门可能会抽查防火材料和产品，确保其符合消防安全标准。

③ 功能测试：对加工后的防火材料和产品进行功能测试，确保其在实际应用中能有效发挥作用。

（6）客户/采购方的角色——审核和进货检验

① 进货检验：客户或采购方可能派遣代表对进入工厂的材料进行进货检验，确保其符合合同要求和技术规范。

② 供应商审核：定期审核供应商的生产和质量管理体系，确保其持续符合质量要求。

（7）质量保证和质量控制（QA/QC）措施

① QA程序：实施质量保证程序，确保材料从供应商到工厂加工的每个环节都符合质量要求。

② QC程序：实施质量控制程序，对每批材料进行抽样检测，确保加工过程和最终产品符合标准。

3.1.5 建筑保险

3.1.5.1 马萨诸塞州一般法律对火灾保险的相关规定

第98条：火灾保险申请在保单首次签发、保单中指定的被保险人或抵押权人发生变更或保单条款规定的保险金额增加超过25%时，应填写申请表。申请表应被视为合同的一部分，因为其与合同中规定的义务密切相关。

除非根据第99节第9条的规定，将公司章程完全纳入保单，否则公司章程不应被视为合同担保或合同的一部分。

本条款不适用于业主自住的四套或四套以下住房、联邦政府或其下属机构拥有和投保的建筑物、受高度保护的险种、非创收季节性住房或建筑商保单。

在本条款中,"高度受保风险"是指符合保险公司承保要求中最高防火标准的耐火建筑,"建筑商风险保单"是指承保建筑在施工过程中遭受损失的保单。

本节中的任何内容均不得禁止在申请表批准之前,为签发此类保单签发一份不超过30天的初步保险合同书面备忘录。

3.1.5.2　业主房子购买保险的必要性及相关基础信息

如果需要抵押贷款来支付购房款,贷款机构或银行可能会要求您购买并维持房屋保险。如果您取消保险或停止支付保险费,某些抵押贷款协议允许贷款机构采取行动,以收回他们借给您的金额。贷款机构/银行不能要求您从任何特定的保险公司获得保险,也不能要求您为您的房屋投保超过房屋重置成本。

如果需要或想要购买房屋保险,请联系保险公司或保险经纪人(有时也称为保险经纪人或代理人)以获得保险。保险公司通常会在签发任何保险之前收集有关您房屋的信息。为了给您准确的报价,经纪人或公司通常会要求您提供以下信息:房屋描述;距离最近的消防部门和消防栓的距离;房屋面积;是否安装了安全设备;房屋照片;您想要的保险范围和限额;任何先前的财产或责任损失。

房屋保险在竞争激烈的市场中提供服务。与汽车保险一样,可以货比三家,选择您所在地区的保险公司,但保险公司可以决定是否拒绝您的投保申请。但是,您应该知道,根据马萨诸塞州法律,保险公司在决定是否提供、续保或取消房屋保险时,不得考虑"种族、肤色、宗教信仰、国籍、性别、年龄、血统、性取向、子女、婚姻状况、退伍军人身份、是否接受公共援助或残疾"等因素。

保险公司审查完信息后,将使用自己的标准(即承保准则)来决定是否向您提供保单以及所提供保险的费率。如果保险公司决定接受您的申请,则保险代理人或公司可能会向您出具保险合同。这是一份具有法律约束力的声明,表明在保险公司决定是否向您出具保单期间,您将在指定时间内获得即时保护。

如果公司正式接受您的申请,您将获得保单,通常为期一年。如果您的申请被拒绝,您可能需要向其他保险公司或FAIR计划申请。

3.1.5.2.1　基本保险

虽然您的保险公司或代理人可以提供一些帮助,但选择合适的保险额度最终还是要由您自己负责。您应该考虑购买一个"住宅险",其保额应足以在发生全损时帮助您按照当下的劳动力和材料成本重建房屋。这一成本可能与您的房屋市场价值相差甚远,例如,一套价值30万美元的房屋可能需要花费60万美元才能重建。

在考虑您的房屋或不动产时,您不能只考虑您的房子,还应该考虑可能位于您房产上的独立车库、棚屋或其他建筑。同时,也要考虑以下两个方面:(1)更换"个人财产"或房屋"物品"所需的保险额度,例如家具、衣物、电子产品、珠宝或其他个人物品,这些物品在房屋发生损失时可能会受损;(2)充足的赔偿责任保险额度,以保护您和您的资产免受因自身疏忽而导致的诉讼,无论该疏忽发生在您的房屋内还是房屋外。

除了选择保险的类型和总限额,您还需要选择免赔额,即您对每笔索赔承担费用的最高限额。免赔额越高,由您而非保险公司承担的低额索赔比例就越大,支付的保费就越低。几乎所有保单都规定了固定的免赔额,但有些保单的免赔额是根据总限额按百分比计算的。无论您是业主还是租户，都有不同的保险套餐供您选择，以保护您的房屋和财产。

每份保单通常会规定在承保风险（导致财产损失的事件）发生时，哪些类型的损失属于承保范围。除了了解承保的风险或危险，还必须考虑在承保风险发生时，哪些费用属于承保范围。在标准保单中，房屋保险计划可能承保的损失包括：（1）修理或更换受损财产的费用；（2）因无法使用而增加的生活费用；（3）个人责任险，即因您的疏忽而给他人造成的损失；（4）支付给他人的医疗费用。

保险条款可能明确排除某些事件的承保范围，例如洪水、地震或因维护不善导致的财产损失。根据您家的所在地，您可以通过国家洪水保险计划购买洪水保险。您的保险代理人或公司可以帮助您填写洪水保险申请表。

3.1.5.2.2 不动产损坏

业主房屋结构称为住宅。住宅整体保险限额将涵盖住宅结构维修或更换的费用。您房产上其他建筑（包括棚屋、谷仓、独立车库）的保险额度通常为住宅保险限额的10%。您应该向保险公司或保险商咨询，确保您的住宅和其他建筑物的保险金额足以弥补损失。

此外，还有有限的附加保险，用于支付以下费用：清除废墟，增加的建筑成本，可能需要维修的建筑条例的实施，保护您的财产免受进一步损害的合理维修费用，树木、灌木和其他植物的损害，任何消防部门的服务费（如适用）以及从场所中移除财产以保护其免受进一步损害的费用。要获得这些保险赔付，损害必须是由保单中您投保的风险造成的。您应该检查您的保单，明确其确切的承保范围。

虽然个人财产不属于住宅保险的承保范围，但许多家庭保险都包含个人财产的承保范围，即您或与您同住的家人所拥有的个人物品，即使您出门在外或暂时离开住所，例如住在大学校园的学生，也属于个人财产的承保范围。除被保险人，与您同住的人（例如寄宿者或租客）的财物通常不在您的房屋保险保障范围内，除非您与保险公司有此类保险安排。个人财产限额通常为房屋保险限额的一定百分比（例如50%）。有些保险公司提供的限额可能高于50%。您应该检查一下，确保您的个人财产保险金额足以弥补损失，如果不足，请联系您的保险经纪人，看看是否可以提高限额。

重置成本是指在不考虑折旧的情况下，用类似材料和品质重建房屋或修复损坏所需的费用。许多保险公司要求房主投保至少80%的重置成本，有些甚至要求投保100%。但是，您应该注意的是，即使您的保险公司帮您购买了100%的保险，即使房屋的维修、更换或重建费用超过了您购买的保险金额，保险公司最多也只能赔付您所购买的保险金额。如果房主维持规定的保险额度，保险公司将在受损财产修复或更换后支付索赔的更换费用；如果房主未按合同规定投保更换费用的百分比，则部分损失将受到处罚。问题是，许多房主并未增加保险额度以应对不断变化的房屋更换成本，因此可能面临保险不足的情况。

3.1.5.2.3 保单保费

保费与在保单规定期限内可能发生的损失风险挂钩。保险公司根据其公司特定标准（也称为"承保标准"）对您的情况和房屋进行审查，并据此决定是否签发保单或确定收取的费率。

在常用的标准中，大多数公司会审查房屋的大小、位置和状况，距离最近的消防部门和消防栓的距离，是否安装了防盗报警器和烟雾探测器等保护装置，以及是否存在增加财产风险的条件，例如游泳池、蹦床、攻击性犬只或老旧电线等。如果这些条件在未来发生变化，公司可能会调整费率。此外，您的保费与您的保险计划中的承保范围有关。

保险限额以及保单中添加的附加条款会影响保险公司根据您所获保险保障可能承担的赔付金额。由于保险金额确实会影响价格，您应该与您的代理人或公司密切协作，为您的房屋和个人财产购买适当的保险金额。虽然您不希望保险金额过低，但也不想支付您可能不需要的保险金额。

除了保单的标准免赔额，如果房屋位于易受风灾或飓风破坏的地区，保险公司可能会对某些房屋保险单适用特定的风灾免赔额或特定的飓风免赔额。多年来，保险公司一直提供高于标准保险单免赔额的可选风灾免赔额，以降低保费。由于保险公司越来越意识到马萨诸塞州某些地区可能遭受的风暴损失，许多保险公司开始实施强制性的风灾免赔额。这些免赔额要么是固定的金额，要么是根据房屋保险金额和房屋距离海岸线的远近确定的百分比。重要的是，您要了解百分比风灾免赔额如何适用于您可能遭受的损失。大多数保险公司对保单上列出的房屋限额适用风灾免赔额百分比。例如，如果风灾免赔比例为 5%，而您的保单上列明的住宅限额为 20 万美元，那么您将需要支付所有与风灾相关的损失，最高可达 1 万美元（5%×20 万美元），然后保险公司才会赔付剩余损失。

3.1.5.2.4 保护房屋并减少保险费用的措施

许多损失其实是可以避免的。消费者应确保妥善维护自己的房屋，以降低风险。

（1）烟雾探测器：定期检查烟雾探测器和一氧化碳探测器是否正常工作，电池是否充足。

（2）柴炉和壁炉：定期检查并清理烟囱和烟道，每年至少一次。确保地板得到妥善保护，将易燃材料远离壁炉和柴炉。

（3）炉子：确保每年由持证技师进行维护。

（4）电线：如果您的房子比较老旧，请持证电工检查电线，因为老旧系统可能无法满足当下电器的用电需求。

（5）电源插座：不要让延长线过载或过度使用。

（6）空间加热器、蜡烛和防风灯：使用时应有人看管，并远离易燃材料。

（7）户外风险：及时清除枯萎的灌木和任何悬挂在屋顶上的树木，因为它们可能会传播火焰和余烬。妥善存放易燃材料，并远离热源。

3.1.5.3 灾后再次投保的影响

在美国，建筑物如果发生过火灾，会对其保险保单、收费、保费等方面产生影响。保险公司会根据建筑物的火灾历史记录来评估风险，并相应地调整保费和保单条款。以下是一些可能的调整：

（1）保费上调：建筑物发生过火灾后，保险公司通常会认为其未来发生火灾的风险较高，因此会相应地提高保费。

（2）保单条款调整：保险公司可能会在保单中增加额外的限制条件，或者要求被保险人采取额外的防火措施。例如，可能会要求安装更加先进的火灾报警系统或洒水装置。

（3）额外的保险项目：在某些情况下，保险公司可能会要求购买额外的保险项目，以覆盖火灾带来的特定风险。

（4）高额自付额：保险公司可能会提高保单中的自付额，即在发生索赔时被保险人需要自行承担的金额。

（5）保单续约困难：有些保险公司可能会在保单续约时拒绝承保发生过火灾的建筑物，或者只愿意提供有限的覆盖范围。

具体的调整取决于保险公司的政策、建筑物的具体情况以及当地的保险法规。

3.2 欧　　盟

从欧盟和成员国的法律层面上讲，欧盟存在着两个相互独立的法律体系：欧盟法律体系和成员国的国家法律体系。两者既相互独立又相互联系，互为补充，相互依存。一方面，欧盟法律直接融入成员国法律体系，并在一定条件下，可在成员国直接适用，具备直接效力。依据《欧洲共同体条约》的规定，各成员国必须按照条例、指令和决定的不同特性及要求实施欧盟的法律，并将其纳入本国的法律体系中。另一方面，欧盟法在本质上又不同于联邦法，尤其在技术法规方面，欧盟与各成员国各自制定的技术法规在许多具体方面存在着差异，这也成为建立和发展共同市场的障碍。

从技术层面上讲，由于欧盟各成员国在维护公共安全、健康、环境保护等方面存在着不同的价值观，处于不同的经济和技术发展水平，各成员国在制定标准、技术法规和合格评定程序等方面存在许多差异。为统一欧洲大市场，提高竞争力，欧盟长期致力于协调技术法规、标准的制定工作。

3.2.1　欧盟建筑材料

自20世纪60年代起，欧盟在协调技术法规和标准方面开展了大量的工作，始终处于一个快速的、不断完善的发展过程中。迄今，在欧盟内部已形成较为系统、成熟和协调的，涵盖技术法规、标准与合格评定程序的法规体系。在欧盟技术法规的发展过程中，1985年较为关键。该年5月，欧盟颁布实施了《技术协调和标准新方法决议》（简称《新方法决议》）。《新方法决议》要求改变以往欧盟技术法规（条例、指令）内容过烦过细的做法，明确技术法规只规定投放市场的产品必须满足保障健康和安全的基本要求，而产品的具体技术指标由欧洲标准做规定。

根据《新方法决议》，欧盟相继出台了20多项新方法指令，其中包括1989年颁布的建设产品指令（CPD）和2002年颁布的建筑能效指令（EPBD）。新方法指令使各成员国的技术法规逐步趋于一致，使各成员国在保证商品自由流通中所必须达到的基本要求的差异减少，从而加快欧盟技术法规的协调进程。为此，各成员国必须用新方法指令取代本国所有可能产生冲突的法律条款。

在建筑技术法规方面，2010年，欧盟通过了新的建筑能效指令EPBD（2010/31/EU），取代原来的EPBD（2002/91/EC）。2011年，欧盟颁布了建设产品条例（CPR），于2013年7月1日起全面强制实施，取代实行多年的建设产品指令（CPD）。比较而言，CPR的基本概念更加清晰；市场经济运作者的权利和责任更加明确；遵从法规程序更加简化，减轻了企业，尤其是中小企业的经济负担；产品性能声明、CE标识和性能评定查证相结合，提升了整套系统的可信度。

3.2.1.1 国家层面处理不合格建筑产品

（1）成员国的市场监督机构如果发现已经通过欧洲标准或通过技术评估的建筑产品未达到声明的性能，并无法满足建筑工程基本要求，则需要重新对相关产品进行评估，相关经济经营者必要时需要与市场监督机构合作。

（2）市场监督机构在评估过程中发现建筑产品不合要求，则应立即要求相关经济经营者采取一切适当的纠正措施，使产品符合要求，特别是必须符合申报的性能，否则应将产品召回并撤出市场。

（3）如果市场监督当局认为不符合建筑产品要求的情况不仅限于其本国领土，则应将评估结果和要求经济经营者采取的行动通知委员会和其他成员国。

（4）有关经济经营者在规定期限内未采取适当纠正措施的，市场监督机构应采取一切适当的临时措施，禁止或限制在全国市场上销售建筑产品，或将建筑产品从该市场撤出或召回，并将这些措施立即通知委员会和其他成员国。

（5）市场监督机构应披露所有可用的细节，特别是识别不合规建筑产品所需的数据、建筑产品的来源、所指控的不合规行为的性质和所涉及的风险、所采取的国家措施的性质和持续时间以及有关经济经营者提出的论点。同时，市场监督管理机构应说明不合规是否是由于以下任何一种原因造成的：

① 产品未能达到声明的性能和/或满足本法规规定的建筑工程基本要求；

② 协调技术规范或特定技术文档中存在缺陷。

3.2.1.2 工会层面保障程序

（1）如果经济经营者对成员国采取的措施提出异议，或者委员会认为国家措施违反欧盟立法，委员会应立即与成员国和相关经济经营者进行磋商，并评估该国家措施。委员会应根据评估结果决定该措施是否合理。

（2）如果认为国家措施是合理的，所有成员国都应采取必要措施，确保不合规的建筑产品从市场撤出，并相应地通知委员会。如果认为国家措施不合理，有关成员国应撤销该措施。

（3）如果国家措施是合理的，但建筑产品的不合规不是由于产品未能达到声明的性能和/或满足本法规规定的建筑工程基本要求，也不是因为协调技术规范或特定技术文档存在缺陷时，委员会应通知相关的欧洲标准化机构，与相关的欧洲标准化机构协商，并立即发表意见。

（4）如果国家措施是合理的，建筑产品的不合规确实是因为产品未能达到声明的性能和/或满足本法规规定的建筑工程基本要求，或是因为协调技术规范或特定技术文档存在缺陷时，委员会应将该事项提交建筑常设委员会，并随后采取适当措施。

3.2.1.3　欧盟建材基本性能要求

（1）机械阻力及稳定性（Mechanical resistance and stability）

建筑工程的设计和施工，应确保在施工和使用过程中可能承受的载荷不会导致下列事故的发生：

① 工程整体或部分倒塌；
② 变形严重到不允许的程度；
③ 承载结构严重变形，引起工程其他部分、装置或安装的设备遭到损坏；
④ 事故造成的损坏与初衷不相称。

（2）防火安全（Safety in case of fire）

建筑工程的设计和施工，在突发火灾时应做到：

① 使结构承载能力维持一段特定的时间；
② 使工程范围内火、烟的产生与蔓延受到限制；
③ 使火势向邻近建筑工程的蔓延受到限制；
④ 使人员能逃离该工程或以其他方式得到营救；
⑤ 使救援人员的安全得到考虑。

（3）卫生、健康与环境（Hygiene，health and the environment）

建筑工程的设计和施工，必须保证不对工程范围内的人员或邻里的卫生和健康构成威胁，尤其不能发生下列情况：

① 释放有毒气体；
② 空气中出现有害微粒或气体；
③ 释放有害辐射；
④ 对土壤或水造成污染和毒化；
⑤ 对废水、烟气、废物或废液清除不当；
⑥ 工程各部分或其内表面出现潮湿。

（4）使用安全和方便（Safety and accessibility in use）

建筑工程的设计和施工，不得造成操作或使用过程中出现诸如滑移、跌落、碰撞、烧伤、触电、爆炸受伤等不能接受的事故危险。

（5）噪声防护（Protection against noise）

建筑工程的设计和施工，必须使工程范围内的人员及附近居民能觉察出来噪声控制在低水平，使他们的健康不受威胁，并能让他们在令人满意的环境中睡眠、休息及工作。

（6）节能及保温（Energy economy and heat retention）

根据当地的气候条件及人员情况，建筑工程及其供暖、制冷、通风装置必须在设计和施工中保证使用尽可能少的能量。

（7）自然资源可持续利用（Sustainable use of natural resources）（CPR法规新增加）

对于自然资源的利用更合理，符合可持续发展的要求。

3.2.2 德国

3.2.2.1 以委托监督为主的间接管理模式

德国政府没有设立专门的建设工程质量监督站，也没有"旁站"监理制度，遵循"谁施工，谁负责"的原则，对建设工程的质量实行间接管理，其主要特点可归纳如下：

(1) 完备的法律体系基础。由于德国是一个联邦制国家，以"联邦—州—地"的结构行政，每级政府都拥有较大的自治权，且都设有相应的建设主管部门，因此，德国制定了完备而严格的施工许可审批制度，以对建筑行业进行宏观调控。德国在建设管理领域的根本大法为《联邦建筑法》，它是检测机构、监督机构、发证机构进行监督管理的依据，具体的法律规章则主要细化到以下几个方面：一是对建设工程质量保证的范围、方式、内容、流程进行规范的《建筑产品法》，该法明确规定了建筑产品质量保证体系中检测机构、监督机构及认证机构各自的义务及权利；二是《工伤事故防止法》和《劳动保护法》，此二法对建设活动中生产安全事故的预防及康复有着全程指导作用；三是在招投标活动中，有对承发包双方各自权利、义务作出明确规定的《建筑工程承发包条例》(VOB)，该法不仅对招投标形式及方法作出明确规定，还在工程质量验收上提供技术性依据。

(2) 政府间接管理建设工程质量。政府建设主管部门授权并委托取得国家承认的质量监督机构，代表政府对新建项目及涉及主体结构安全性能的改建工程实施强制性的质量监督管理。由于施工单位可以自行选择检测、监督甚至发证机构，因而，政府建设主管部门对这三个机构制定了严苛的准入制度，质监或检测人员若在监督工作过程中有失职、渎职或徇私舞弊、收受贿赂等行为，将会被终身吊销执业执照。

在施工单位获得政府许可开工资格，实际动工后，必须委托至少一个取得国家资质认可的检测机构对施工活动中涉及的建筑材料进行检验，并出具相应的质量认定书，相关费用由工程参与主体的责任方承担。同样，还必须委托至少一家监督机构对整个工程进行全生命周期的监督检查，包括施工前的设计图审查，施工过程中对主体结构、隐蔽工程的监督检验，以及工程竣工验收时的整体检查。由于只要具备足够的人员和设备，任何自然人、团体都可以申请检测机构资格，因此许多施工单位也都有国家认可的检测资质，为保障第三方的公正性，法规还明确规定，即使具有检测资格的施工单位也不得自己行使检测机构的权力。德国的质量监督、检测机构的工作主要着眼于微观层次，其职能属性相当于我国建设主管部门下属的质监单位与工程监理方的结合体，保证了监督工作的公正性和权威性。

3.2.2.2 德国消防部门防火职能

防火是消防部门的重要职能之一，各州在消防法和建筑法中都有明确规定。防火工作包括防火检查、消防安全监督、消防安全教育和建筑防火审核等，其中前三项由消防部门主导，第四项由建设主管部门主导。防火检查需要针对危险性较高的建筑、工厂和设施定期开展，预先确定隐患和危险源并制定消防措施，保护财产并进行有效的灭火作业。消防安全监督是针对大型聚会及活动开展的防火相关工作，内容包括火情监督、制定防火措施和实施灭火。消防安全教育是面向公众开展的社会活动和防火教育,其目的是提高公众的防火安全意识,普及消防安全知识。建筑防火审核的对象包括高层建筑、商场、剧场、体育馆、医院等火灾和爆炸高危建筑及企业,审核内容包括消防设备和设施。

3.2.2.3 建筑设计阶段

在德国16个州的消防和建筑法中,都赋予了消防部门建筑防火审核的职能,各州审核的程序、范围、内容与时间基本相同。但不是所有的建筑审核、验收均由消防部门包揽负责。一般的建筑包括宾馆、购物中心等由建设主管部门依法审批,化工企业则由环保部门审批。主管部门在审批时,只有发现与消防安全有关的复杂设计问题,以及超越规范设计的才邀请消防部门参加审核和验收。消防法规很明确、建设规模不大且不复杂的项目,就由建设和环保主管部门直接审批和验收,消防部门不负责。建筑工程消防设计的审核具体情况如下:

(1) 审核的程序:凡具有注册资格的建筑师,负责对建筑图纸的设计,由业主将设计的图纸报送城市建设主管部门审核,其中涉及消防方面的内容,转送消防部门审核后再退回建设主管部门审批,由其决定是否核发施工许可证。

(2) 审核范围:主要是大型公共建筑和重要的易燃易爆危险企业单位,如高层建筑、商场、剧场、体育馆、写字楼、医院、学校和有爆炸危险的企业等。

(3) 审核内容:主要是消防设备、设施,如报警设备、疏散通道及设施、消防给水及灭火设备和防排烟等。

(4) 审核时间:四周(20个工作日)。消防部门按程序实施审核时不收费,但如果注册建筑师向消防部门进行业务咨询,消防部门将予以收费。

建设工程项目竣工验收是由建设部门负责,但建设部门一般邀请消防部门一同参加。

3.2.2.3.1 监管主体

在德国,审核机构不是政府部门,是以审核校对师为主体的事务所,它代表政府行使监管权力,是《建筑产品法》的执法者。之所以选独立的审校师,目的是公正。所有工程项目均由审校师负责审核,建设主管部门无须另外审核或者抽查,技术监督工作完全交由审校师负责,包括施工监督。

3.2.2.3.2 责任主体

德国建设工程设计审查工作由"审核校对师"进行。取得审校师资格必须经过严格的考试,并由州建设主管部门批准。审校师可以成立事务所,并可以聘请设计师、工程师为其工作,但最后签字必须是审校师个人。

德国的审查业务原来全部由政府委托,近年来改变为部分审查业务可由业主直接委托熟悉的审计师来完成,并报政府主管部门备案,具体流程如图3-7所示。

3.2.2.3.3 监管方式

审校师审核的主要依据有:①联邦及各州建设主管部门颁布的法律、法规;②由德国工业标准局颁布的,专业学会、行业协会编制的各种条例、规范、标准等;③根据法律规定业主需要提供的各种审批资料等。

3 国外建筑材料防火性能监管现状

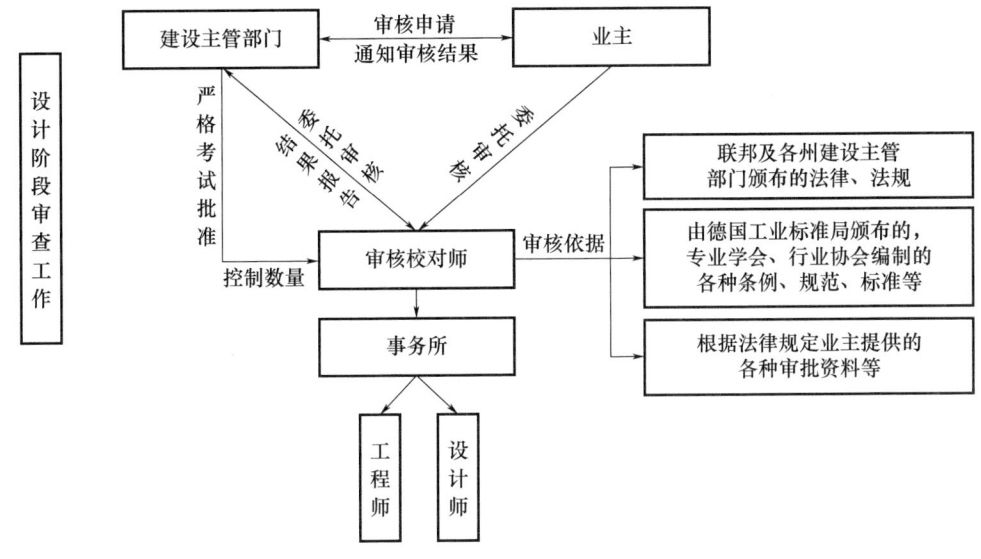

图 3-7 德国设计阶段审查工作

审核校对师审核的主要内容有：①建筑结构安全性：主要包括主体结构的安全性、基础的承载能力等；②建筑隔声：德国对噪声的限制是很严格的，根据建筑物的用途，对机械设备及设施的噪声做了严格限制；③建筑防火：主要包括建筑材料防火、消防设备、火灾人流紧急疏散措施等。

3.2.2.3.4 监管流程

德国的审查工作在申报设计阶段审核结构计算书；施工图设计阶段审核结构图纸、节能保温、建筑防火及隔声等；最后在工程建造阶段进行监理审核。审查工作较早的介入和全过程的参与，不仅体现了"从一开始就避免危险和损失发生"的思想，还能在工程设计过程中提出合理化建议、改进设计方案，避免技术上的缺陷等。

在德国，所有工程项目都必须经过审核校对师审核。建设工程设计审查有完整严格的工作程序（以政府委托为例）：第一步由业主向建设主管部门提出工程申请，同时必须提交所需的各类技术资料；第二步是建设主管部门对申请报告和相关资料进行完整性审查；第三步是在法律规定的时间内，将技术文件委托审核校对师进行审校工作；第四步是审核校对师根据联邦规范及各州引入规定进行审校，由审核校对师提供两份"审查结果报告"作为审图合格的标志，一份递交建设主管部门备案，一份递交业主用于办理施工许可。审核校对师代表政府行使审查权（还包括施工过程的监督权，德国政府不对施工过程进行监督，也委托审核校对师），拥有相当大的权力，可以直接否定设计成果。审核校对师对设计标准有解释权，而除此以外的其他人没有这项权力。审图是否通过，完全由审核校对师根据经验决定，不存在类似我国的强制性条文。

审核校对师一般不直接向业主索取资料，但在建设主管部门批准下，审核校对师可直接向业主索要审核时需要的资料文件。如果审核校对师从业主方得到的资料与建设主管部门提供的资料不符，可中止审核，同时向建设主管部门报告，等待修改后的技术资料。

3.2.2.4 建筑建造阶段

3.2.2.4.1 监管主体

高级建筑监督机构为国家住房、建筑和交通部,中级建筑监督机构为州政府,下级建筑监督机构为地区行政当局(以柏林为例),其中地区行政当局起主要作用,负责建筑的建造、改建、用途变更和拆除及使用、维护等具体工作。

建筑监督机构应配备足够的适当人员,并配备执行其任务所需的设备。建筑监督机构应当包括具有高级土木工程行政服务资格和必要的建筑技术、建筑设计和公共建筑法知识的从业人员,以及有资格担任司法职务或高级行政职务的从业人员。

3.2.2.4.2 责任主体

(1) 开发商/业主:开发商应根据法规指定适当的当事方,以准备、监督和执行建筑项目。开发商还需要负责法规要求的申请、通知和提供证明工作。开发商应提供满足法规要求,或与所用建筑产品和所用建筑方法有关的证据和文件。如果使用符合欧盟法规(EU)No.305/2011 的带有 CE 标志的建筑产品,则必须准备好性能声明。开发商必须将设计作者的任何变更通知建筑监督机构,必须在施工开始前立即将施工经理的姓名通知建筑监督机构,并在施工期间将施工经理的任何变更通知建筑监督机构。如果开发商发生变化,新的开发商必须立即通知建筑物监督机构。

(2) 设计者:设计者必须根据其专业知识和经验,准备相应的建筑项目,并对设计的完整性和有用性负责。设计者必须确保执行所需的个别图纸、个人计算和说明符合公法的规定。

(3) 承包商:每个承包者应负责按照公法的要求执行其所从事的工作,并在这方面负责建筑工地的适当管理和安全运行。承包商还必须提供必要的证据,证明所使用的建筑产品和施工方法的可用性,并在建筑工地上保持可用。承包商还应提供满足本法要求或根据本法提出的与所用建筑产品和所用建筑方法有关的证据和文件,并应在建筑工地上保存这些证据和文件。对于符合欧盟法规(EU)No.305/2011 的带有 CE 标志的建筑产品,必须准备好性能声明。

每个承包商应满足建筑监督机构的要求,证明其适合这项工作,并拥有必要的设备,以保障工厂的安全。这在特殊程度上,取决于承包商的特殊专业知识和经验,或公司配备的特殊设备。

(4) 施工经理:施工经理应确保施工措施按照法规的要求进行,并应发布必要的指示。在执行这项任务的过程中,必须确保施工现场的安全施工作业,特别是承包商工作的安全。

施工经理必须具备其任务所需的专业知识和经验,如果在个别领域不具备必要的专业知识,则必须咨询合适的专业施工经理。此时,专业施工经理在这方面取代现场施工经理的工作,施工经理必须协调专业施工经理的活动。

3.2.2.4.3 监管方式

建筑监督机构应确保在设施的建造、改建、用途变更、拆除以及设施的使用和维护过程中遵守法规规定。如有必要,他们还必须在这方面提出建议。他们可以在执行这些任务时采取必要的措施。对于技术上困难的建筑工程,建筑监督机构可以要求特别专家和专家机构执行其任务,并由建筑业主承担费用以及进行建筑监督。

在施工监督的框架内,建筑监督机构审查稳定性证明、消防证书,如有必要,也可以从成品部件中取样进行测试。

在施工监督方面,应随时检查许可证、批准文件、测试证书、合格声明、合格证书、验证证书、建筑产品测试证书和记录、CE 标志和性能声明、施工日记和其他规定记录,具体监督流程如图 3-8 所示。

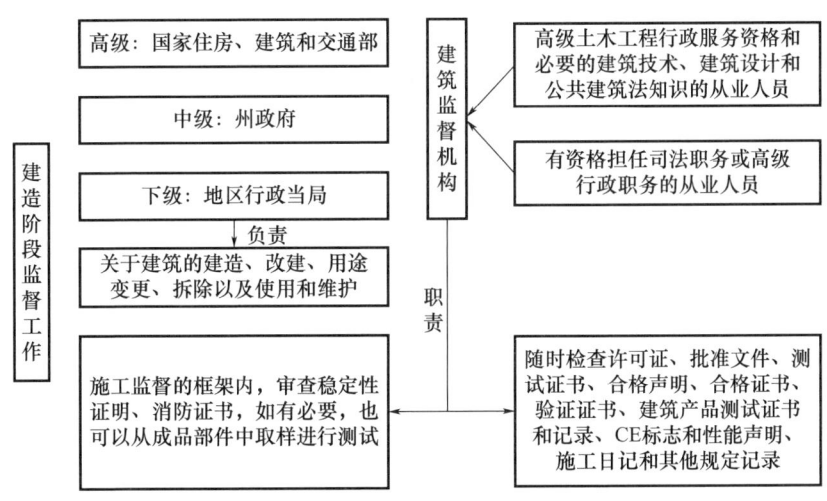

图 3-8 德国建造阶段监督工作

3.2.2.5 建筑验收阶段

3.2.2.5.1 监管主体

建筑竣工后,建筑局相关人员会先检查房屋是否按照建筑许可证的规格建造,并且是否符合所有条件和规定。而供热采暖系统和烟囱系统是由烟囱清理专业工人（Schornsteinfeger）检查。通过上述这些检查后,将由相关部门确定此建筑物是否符合之前申请的各种建筑的条件和要求。

3.2.2.5.2 责任主体

在建筑部门验收之后,开发商同建筑商约定验房日期。如果开发商在验收过程中发现建筑缺陷,则必须将这些缺陷记录在验收报告中,因为在此之后开发商无法再将后续发现的问题记录在案。验收之后,开发商对自己的房屋负全责。

3.2.2.5.3 验收完成后责任转移

验收完成后,建筑部门将会发布验收报告。如果发现缺陷,则必须予以纠正。建筑完成验收之日,意味着承包商有权要求支付报酬;建筑物的风险从承包商转移到开发商,承包商不再承担风险;完成验收之日也是承包商质量担保期限的起算点;验收完成还意味着瑕疵举证责任的转移,验收之前承包商有义务证明建造物不存在瑕疵,验收之后开发商认为存在瑕疵的,须自行承担举证责任。

开发商仅对最终成果有验收义务,不可进行部分验收（Teilabnahme）。在存在轻微瑕疵的情况下,开发商不可拒绝验收,如果开发商因轻微瑕疵而拒绝验收,承包商可设定一个合理的验收期限，到期后自动视为开发商接受验收。建筑验收流程和防火监督流程分别如图3-9和图3-10所示。

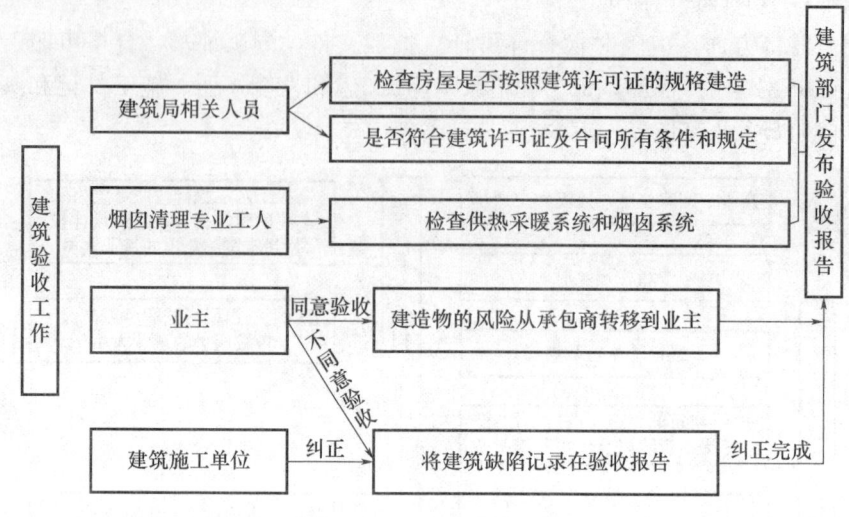

图3-9　德国建筑验收工作

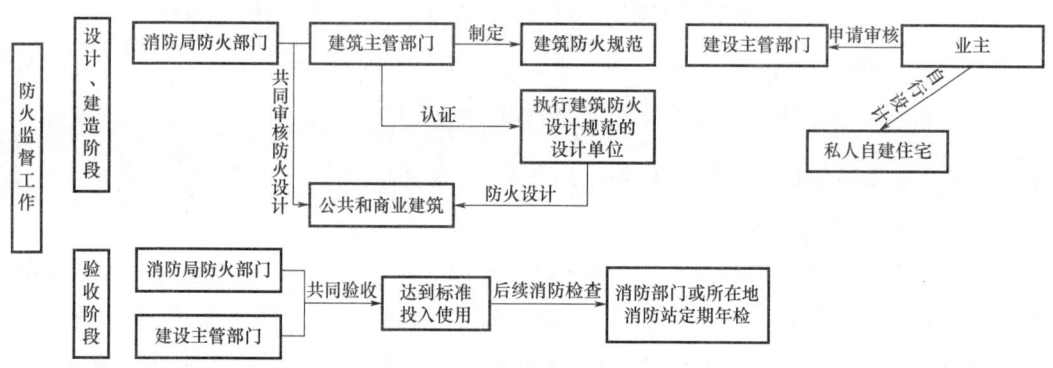

图3-10　德国建筑防火监督工作

3.2.2.6　德国火灾保险

3.2.2.6.1　火灾保险的起源与发展

世界上最古老的保险公司是1676年汉堡议会组织建立的汉堡火灾保险公司（Hamburger Feuerkasse），其基于议会与汉堡酿酒厂签订的火灾协议（Fever-Kontrakts）而成立。1623年的提根霍夫火灾秩序（Tiegenhöfer Brandordnung），源于紧急情况下人们互相帮助的基督教思想。建筑火灾保险在德国的许多地区是强制险和垄断险。除了有利于参保人，还省去消防设备的购置和支付灭火费用，也促进了该地区消防事业的发展。由于保险市场的自由化，1994年强制保险和垄断保险被废除。同时原本隶属于州管辖的建筑保险机构转制为私有化，不同级别的建筑保险机构合并，保险在各公司储蓄所保险人处出售。21世纪初，火灾保险还包含了因恐怖主义引发的损失。美国"9·11"事件之后，有的保险公司短时间内将该风险排除在协议之外。在此期间，因恐怖主义带来的损失是由国家资助的专属保险公司（ExtremesVersicherung）承担。

3.2.2.6.2 火灾保险的现状及福利金范围

德国火灾保险主要包括：①法定的火灾保险，所有建筑物都必须参与火灾、地震和洪水相关的保险；②私人的火灾保险，针对火灾及由火灾引发的一系列风险造成的生产中断、不动产、可移动物品的损害，以及纵火带来的损失的保险。目前，在德国私人火灾保险公司地位不再那么重要，仅有少数专门的保险公司提供单独的火灾保险，对于房产持有者，购买的住房保险已经包含了火灾险。私人的动产可以通过参与应对基础火灾损伤的住房保险得到保障。房客参与防范火灾的家具保险，户主也有责任参与住房保险。

火灾保险的保险福利金涉及范围很广，因此在工商业中非常重要。保险福利金通常涉及消防队投入、灭火费用、被火灾损伤的动产的费用、再修缮支出、拆卸费用、清理费以及火灾发生后的旅馆住宿费用等。住房保险支付因冰雹、风暴、管道水、爆炸爆聚（内爆）、管道破裂、雷击及火灾所造成损失的费用。

3.2.2.6.3 火灾保险、消防税与消防经费

消防税是从火灾保险中扣除一定金额的税，属于州税，根据《消防税法》征收。需征收消防税的险种包括：火灾险（含火灾营业中断险），以及含火灾险的住宅险和含火灾险的家庭财产险。消防税的纳税人一般是保险公司，由保险公司计算税额并到税务部门缴纳税款。各险种征收的税率如下：火灾险应征税率为22%，其中消防税率占40%（总额的8.8%），保险税率占60%（总额的13.2%）；住宅险应征税率为19%，其中消防税率占14%（总额的2.66%），保险税率占86%（总额的16.34%）；家庭财产险应征税率为19%，其中消防税率占15%（总额的2.85%），保险税率占85%（总额的16.15%）。德国消防经费主要来源于当地政府的税收拨款和消防机构的收费返还。保险公司参与城市公共消防设施投资和融资存在两种方式：①保险公司缴纳的消防税可专门用于补充消防经费；②保险公司作为消防受益单位可参与城市公共消防设施的投资和融资，由消防受益单位联合行业消防协会，依据行业内部各单位年度收入总量，确定消防投资的资金比例，投入的资金随收入的增减而浮动。

3.2.3 法国

3.2.3.1 建筑设计阶段

3.2.3.1.1 监管主体

法国《建筑和住宅总法典》规定，房屋主人或建筑开发商在建造新房或改造房屋外观之前，必须将相关材料送所在市镇政府所辖的城市规划事务处审批以取得开工证。市镇规划的审批是法国各类建筑物质量保障的第一关，这一程序在一定程度上决定了相关建筑的合理性和可行性。

规划部门在批准施工请求前，必须向工程所在地的军队、医院、消防队等部门发函征求意见，以避免不合理或危险建筑的出现。按照规定，普通居民住宅和商用楼的审批时间是2~4个月，如果涉及一家工厂，建立审批时间则延长至6个月。建筑开工证审批下达后，工程队必须严格按照设计图纸施工。土地所有者如未经批准擅自更改图纸，将给予2万~3万欧元的经济处罚。

《建筑和住宅总法典》还规定，城市规划事务处在将有关材料送省政府审批的同时，还在改建或新建建筑所在地设置标牌写明工程的内容和范围，接受群众监督。在两个月时间里，周围居民有权向市政部门就该工程提出自己的意见，甚至要求停止工程，这在法律上称为"第三方诉讼"（土地所有者和建筑工程队是一项工程的两个主要方面，第三方则通常指周围邻居）。城市规划事务处在接到诉讼请求后需尽快研究其合理性，并将研究结果作为是否批准工程的重要依据。如果一个地区的大部分民众对一项工程持反对意见，该工程往往被视作"问题工程"而被禁止。

3.2.3.1.2 责任主体

在法国，新建建筑消防管理、设计审查、竣工验收等不由消防部门负责。法国的消防安全管理工作采用省专员、市、镇长负责制。在日常的消防安全管理工作中，建筑施工、审批和安全验收，都要经过市长的签字同意，对各企业的消防安全检查和灭火实地演练也要经过省专员或市长的同意。

3.2.3.1.3 监管方式

省、市、镇三级安全委员会一般由民安和警察、城建等部门组成，由省专员和市镇长领导。其主要职责是定期或不定期地检查本区域的安全情况，并提出意见。省安全委员会还负责建筑审核。建筑和设计单位先向所在市镇长提交申请，然后由省安全委员会审议，再由省安全委员会提交给由国家认可的私人建筑审议公司按国家规范进行审核合格后再开会研究，并报省专员最后审批。消防部门在安全检查和建筑防火审核方面只是配合协助安委会开展工作，不是具体负责部门。省专员和市镇长是这方面工作的法定负责人。

3.2.3.2 建设工程监督管理

目前法国的建设工程制度仍参照 20 世纪 70 年代发布的《建筑和住宅总法典》以及《城市规划法》执行。在上述法律中，涉及的领域不仅有对参建各方的权利及职责的严格规定，还涵盖了建设活动中涉及的合同以及建筑材料的相关技术标准规范。除主要建筑法规，法国还设立了完善的建筑工程质量技术规范，强制要求建设工程遵守"NF"（法国标准）及"DTU"（法国规范）。并且为了适应新技术、新材料的出现，法国每 1~2 年就会对 NF 及 DTU 进行修订。法国的质量监督模式与德国非常相似，都属于政府间接监管，法国工程质量监督以健全的法律法规为基础，微观工程质量监督依托第三方质量监督公司，充分运用法律、市场、经济手段。法国与德国工程质量监督在监督检查人员、监督检查的方式、监督收费制度、所承担的法律责任等方面都相似，只是法国质量监督公司监督的内容比德国范围更广，法国质量监督公司从招投标、设计、施工到竣工验收全过程实施监督。

法国拥有完善的建设工程质量保险体系。法国于 1978 年制定的《斯比那塔法案》（Spinatta ACT），法案规定建筑工程的内在交付保险期限为 10 年，且施工方在第 1 年无条件且无偿地负责维修，从第 2 年到第 10 年建筑工程只要发生损伤，保险公司均应根据损伤评估报告做出强制性赔偿。

法国具备公正的第三方质检机构。在法国，第三方质量监察公司有严格的准入制度，并被强制要求不得参与不涉及质量监察的其他商业活动，保障了其客观性、专业性与公正性。此外，法国政府强制要求承包商建立完善的质量自检体系，对每道工序都要做详细的质量查验并记录，而其内部体系的健全程度也是第三方质量检查机构的检查重点。

法国拥有科学完善的质量检测设备。建设工程质量检测机构的准入条件中，主要部分在于相关质量检测设备的配置。在取得准入资格后，发证机构会每2～3年对质检企业进行复审。质检企业在对建设工程质量进行检测后，不仅需得出有关该工程质量的相关结果，还需将相关的检测方法、设备等详细信息形成书面报告。

法国实行强制有效的工程担保制度。作为欧洲发达国家代表，法国是最早实行建设工程保险制度的国家之一。20世纪70年代对拿破仑法典进行了修订，制定并颁布了完善后的《斯比那塔法》，将建筑工程质量强制保险条款纳入；并规定设计方、承包方、质监方均应为其负责的建设工程投保10年期的责任保险，而业主还必须为建筑物的可用性投保，以避免可能出现的损坏（内在结构缺陷）的各项损失，其保期为10年。这套制度将工程质量担保制度以及工程保险制度有机结合起来，且明确了工程建设中各方的责任，通过工程财产保险实现了对业主的"快速补偿"，大大减少并平均了各方风险。

3.2.3.3 工程质量监督的法律、强制保险

（1）法律手段：法律、制度体系健全完整

在建筑领域主要是《建筑和住宅总法典》《建筑师职业道德条例》《建筑职责与保险》等发挥重要作用。例如，在《建筑职责与保险》中明确要求，对于重要建筑采取强制技术质量监督。同时，法国的"NF"（法国标准）和"DTU"（法国规范）为质量检查、质量监督提供了必要依据。法国法律明确要求质量检查公司不得在国内参与质检以外的任何商业活动，以确保其作为第三方地位的客观公正。

（2）强制性工程质量保险

在法国，《建筑职责与保险》中明确要求，对建筑领域所有单位，包括建设单位、勘察设计单位、施工单位、材料生产厂家、质量检测公司、质量监督检查公司等各单位，以及设计师、建造师、建筑师等人员，均须向保险公司投保10年的工程质量责任保险。保险公司为降低风险，在项目建设过程中会委托质量检查公司，协助承包单位进行质量检查和监督控制。

（3）质量检查公司认证制

质量检查公司在营业前必须获得政府的认证，每隔2～3年复审一次，并对从业资质实行动态管理。图3-11为法国工程质量监督架构。

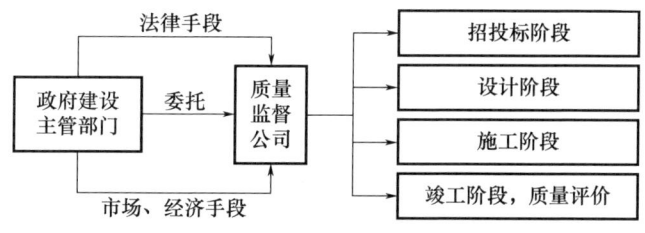

图3-11　法国工程质量监督架构

3.2.3.4 法国建筑工程质量保证保险

（1）责任

《斯比那塔法》主要从责任方、责任项两个方面确定了工程质量责任的归属和认定。参与工程建造的建设单位、设计单位、质量监察单位、材料供应单位均属于质量问题责任方。在责任项认定中，包括建筑结构的牢固性、建筑结构的渗漏、保温和噪声隔离等功能、地基基础稳定性均属于10年缺陷责任的认定范畴。

（2）保险

《斯比那塔法》的建筑工程质量保证保险分为两部分：一是参与建筑工程项目的所有单位必须投保10年期的责任保险；二是建设单位则需对10年期内的建筑工程可能出现的内在结构缺陷进行投保。

（3）监察

法国的建筑工程质量监察机构由来已久，直到《斯比那塔法》颁布后，其法律地位才正式被确立下来。在整个建筑工程的施工过程中，质量监察机构都发挥着重要作用。保险公司为降低施工过程中可能导致的潜在风险，并最大限度地保障自身利益，明确要求质量监察机构要对施工工程进行全流程的监管，包括施工前的设计、施工过程及竣工验收。《斯比那塔法》虽然规定了部分强制监管的工程项目，但在后期的建筑工程质量保证保险的推进中，由于保险公司的强力推动，几乎所有的建筑工程都有质量监察机构的监督管理。

法国建筑工程质量保证保险的保险期限为10年。10年保险期分为两个时间段，在第1年内，若工程质量出现问题，建造单位必须无条件负责维修并承担相关经济补偿，若在这期间无法找到建造单位，那么消费者投保的保险公司就要负责维修。从建筑工程完工的第2～10年，建筑工程结构和功能如果出现问题，一旦接到报案即可触发理赔条款，由保险公司先行赔付，然后通过第三方评审机构厘定损失和责任，再依次追偿各单位相应的法律责任，这在最大限度上及时保障了消费者的权益。在实践中，保险公司操作的具体步骤为：保险公司接到消费者的建筑工程质量报案后，首先确认是否在10年保险期内，然后指派第三方评估机构定损，并初步开出赔付清单，若消费者在15天内同意并接受估价，保险公司就直接赔付；若消费者不同意估价，则由消费者和保险公司共同指定权威公估机构，会同专家进行现场检查，在60天内出具评估报告，并由保险公司报送给消费者。保险公司要在60～90天内将二次核定的赔付金额支付到账，对于比较复杂的赔付案例，则要在200天内完成所有赔偿工作，具体保险理赔流程如图3-12所示。

3.2.3.5 消防监督检查制度

法国消防监督检查的重点是公共建筑。公共建筑根据其性质和经营范围，可划分为5级，人数超过1500人的为第1级；701～1500人的为第2级；301～700人的为第3级；300人及300人以下（第5级中的公共场所除外）的为第4级；公共建筑中有住宿功能的为第5级。

3.2.3.5.1 检查机构

基层防火工作由省市两级政府负责。防火检查工作以安全委员会名义进行，每次检

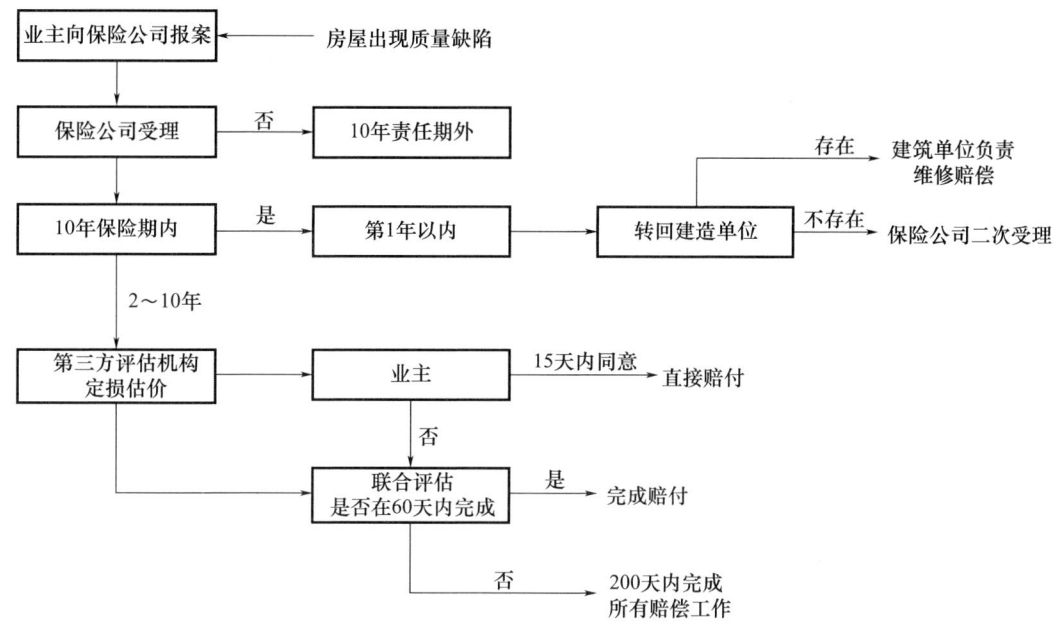

图 3-12 法国建筑工程质量保证保险理赔流程

查都以工作组的形式出现，消防监督人员个人单方面检查无效。检查组由省议会代表、市长代表、警察代表、相关部门代表、防火员和建筑师等组成，联合检查且共同签字后才有效。对列入1～5级的公共场所，实施定期检查或突击检查，每次检查后提出的问题要填写检查记录表，如果发现问题，限期进行整改。整改完毕后由本单位向检查人员报告，不必进行复查。消防部门不直接进行处罚，而是由联合检查组发现问题后，由消防部门向省市长提交报告，详述情况。停业整顿只能由省市长决定，其他任何人无权下令停业。

3.2.3.5.2 违法处罚

一般情况下，市长会委托警方实施处罚。对含有住宿功能的公共建筑，法国对其安全水平要求很高。如果安全委员会在检查过程中发现火灾隐患，安全委员会可将存在的问题报告市长，市长可以颁发政令通知的方式督促涉事单位整改（一般由警察局代为行使），拒不整改的，处以1年监禁并处5万欧元罚款；既不整改又继续出租供租户居住和使用的，处以3年监禁并处10万欧元罚款；出租公共建筑而导致人员数量明显超过设计数量的，处以2年监禁并处7.5万欧元罚款。

对于上述违法行为，除对单位进行处罚外，还对有关责任人进行处罚。处罚包括没收营业资产或者没收用于住宿的违章建筑。同时，有关责任人自违法之日起5年内不得从事同类职业。

3.2.4 西班牙

3.2.4.1 建筑许可证制度

建筑许可证是由主管实体（例如市议会）授予的，用于进行重大建设、扩建、翻新甚至微小的改动。

在西班牙的房地产和建筑领域，开展任何建筑或翻新项目之前，获得建筑许可证是必不可少的要求，这是一项必须遵守的法律程序，以确保安全和遵守该国的城市规划法规。获得此许可证对于避免将来潜在的处罚和法律问题至关重要。其根本目的是规范和监督建筑活动，以确保符合西班牙制定的安全、城市规划和监管标准。

建筑许可证在西班牙的重要性如下：

（1）法律合规方面：获得此许可证是西班牙的法律要求。在没有适当许可的情况下进行任何类型的建筑或改建都是违法的，并可能导致严重的法律后果。

（2）安全方面：市政当局审查工作计划和项目，以确保达到安全和风险预防标准。获得建筑许可证意味着合格的专业人员已经评估并批准了这些计划，这有助于保证工人、居民和社区的安全。

（3）城市控制方面：建筑许可证还考虑了建筑对城市环境的影响。确保项目符合当地城市规划，避免可能对该地区的和谐与可持续发展产生负面影响的干预措施。

（4）文物保护方面：在某些情况下，有些建筑物具有历史或文化价值，建筑许可证确保任何干预行为都尊重和保护社区的建筑和文化遗产。

3.2.4.2 建筑各阶段消防监督

3.2.4.2.1 监管主体

西班牙作为地方高度自治的国家，消防工作主要属于地方事权，国家层面不直接干预，没有全国统一的消防法律法规，内政部民防局不进行消防业务统计，甚至难以提供全国消防力量和火灾情况数据。

以马德里消防局为例，其隶属于马德里市民防和紧急事务局，下设灭火救援、消防监督、公共关系与社区服务、后勤保障和教育培训等5个部门，如图3-13所示。

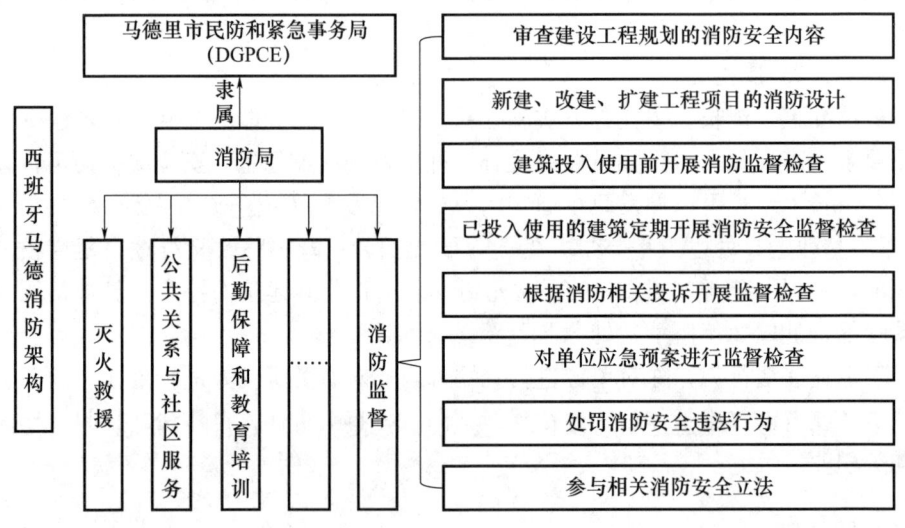

图 3-13 马德里消防架构

3.2.4.2.2 责任主体

责任主体包括建筑师和施工企业。其中，建筑师负责设计和规划建筑，确保符合相关法规和标准，并在施工过程中监督设计的实施；而施工企业则负责实际的建造工作，确保施工质量和安全。

3.2.4.2.3 监管方式

消防监督管理的职能包括：审查建设工程规划的消防安全内容和新建、改建、扩建工程项目的消防设计；建筑投入使用前进行消防监督检查，对合法投入使用的建筑定期进行消防安全监督检查；根据投诉以及警察部门、消防队的指控开展监督检查；对单位按照消防法规要求制定应急预案的情况进行监督检查；处罚消防安全违法行为；根据申请提供相关信息公开服务；参与相关消防安全立法。

3.2.4.2.4 在建筑许可证方面

每个建筑许可证都与建筑或翻新项目的规模和性质相对应。

（1）大型工程许可证

该许可证是涉及结构修改或影响建筑物公共元素的建筑、修复或扩建项目所必需的，用以确保工作的安全及其符合城市规划和建设的法律。例如，如果想建造新房或进行涉及更改建筑物结构的翻新时，则必须获得主要的建筑许可证。

（2）小型工程许可证

对于不影响结构元素或不需要对建筑物进行重大修改的小型项目，小型工程许可证是必要的。这些项目通常更美观或更具有功能性，例如厨房的翻新或供暖系统的安装。

（3）居住许可证

一旦建筑工程建设完成，居住许可证是必要的，以便能够居住或使用建筑物或住宅。该许可证保证建筑物符合现行法规规定的宜居性和安全性要求。

要获得居住许可证，则必须按照行政当局先前批准的计划和项目开展工作。此外，行政当局通常还会派专业人士进行技术检查，以验证是否符合宜居性标准。

需要注意的是，居住许可证是强制性的，如果没有事先获得居住许可证，则不能居住或使用建筑物。

尽管在大多数情况下，对建筑进行任何类型的干预都需要建筑许可证，但在某些例外情况下没有必要。这些例外情况可能因地点和当地法规而异。一些可能不需要建筑许可证的工作示例包括：

① 不改变结构或影响财产安全的小型维护和维修工作。例如，粉刷房屋的内墙、修理漏水的管道、更换电源插座或更换损坏的屋顶瓦片。

② 当地法律或法规豁免的工作。例如，建造一个小花园棚。

③ 安装不影响结构的非永久性或预制构件，例如，某些类型的围墙或轻型屋顶，在花园中放置可移动的凉棚，为活动安装临时帐篷或在后院组装预制储藏棚。

但是，必须始终与市政当局核实特定项目是否需要此类许可证，这样才能确保遵守现行法规并避免将来出现法律问题。

3.2.4.3 相关处罚

在没有相应许可证的情况下擅自开展工作的后果十分严重。市政当局有权下令随时停止建设项目的工作，并可以处以严重的经济处罚，根据《建筑管理法》，罚款最高可达无证工作总成本的 200%。此外，在一些极端情况下，当局甚至可能下令全部或部分拆除非法工程，给业主造成相当大的经济损失。

除了经济处罚，在民事和刑事责任方面也存在法律影响。如果未经许可进行的工作对第三方造成损害，业主不仅可能会被追究责任并面临赔偿，甚至面临涉及土地规划罪的刑事指控。

3.2.4.4 西班牙建筑工程质量保证保险

截至2022年年底，西班牙建筑工程质量保证保险的保费规模已从2001年的1.05亿欧元增长到近3.5亿欧元。从实施效果上看，西班牙建筑工程质量保险对于提升工程质量、转移建造单位风险、保护业主权益方面都起到了显著作用。

（1）责任期限

依照建筑工程损坏的情况，保险期限分为1年、3年、10年三种情况。在建筑工程完工的第一年，建造者必须对所有因施工问题导致的建筑工程缺陷负责；参与工程建设的供货商、建造单位、分包商要对3年内建筑工程出现的功能性问题进行维修、赔付，如保温功能、渗漏水等，并对影响建筑工程结构、地基、设计架构的缺陷承担10年的赔付责任。

（2）保险费率

西班牙建筑工程质量保证保险的保费分成两部分交付：第一部分在建筑开工前，依照工程规模和风险系数，保险公司预先收取20%~30%的保费；第二部分在施工完成后，先由保险公司联合第三方质量检测部门对整个工程项目进行验收，对不符合承保要求的完工建筑工程不予承保，并不退还已交保费，对通过验收的建筑工程收缴剩余70%~80%的保费，保单开始生效。

（3）保险理赔

西班牙的保险条款中设置了免赔比例：在第一年内，对于同一原因导致的建筑问题且累计损失低于工程造价1%的部分，保险公司不予赔偿，由业主同开发商协商解决。建筑项目竣工一年内出现的任何质量问题，由建造单位负责维修、赔偿。工程竣工后第2~10年，包括建筑结构及建筑功能的一切质量问题，全部由保险公司负责赔付，赔付标准以恢复到建筑原有的功能为标准。

（4）质量监察

西班牙建筑工程的监督管理主要由保险公司驱动，施工前、施工中、施工后，保险公司都会协同第三方质量监察机构进行检查，撰写各个阶段的风险评估报告，并根据报告来决定是否承保及使用何种费率进行承保。

3.3 英 国

3.3.1 建筑材料及全生命周期定义

3.3.1.1 建筑材料定义

在英国，《2010年建筑法规》中对建筑材料的定义和使用进行了详细规定。根据这些法规，建筑材料的定义涵盖了用于建筑物的建造、扩建和改造的所有材料。这些法规明确了"建筑工程"的范围，包括建筑物的竖立或扩展、建筑物中受控服务或配件的提供或扩展，以及建筑物或受控服务或配件的实质性改变。

牛津词典中将建筑材料定义为用于建筑的材料。许多自然产生的物质，如黏土、岩石、砂子、木头，甚至树枝和树叶，都被用来建造建筑物和其他结构，如桥梁。除了天然材料外，许多人造产品也在使用中，有些人造产品多，有些人造产品少。在许多国家，建筑材料的制造是一个成熟的行业，这些材料的使用通常被划分为特定的专业行业，如木工、绝缘材料、管道和屋顶工程，它们共同为人类提供制作包括房屋在内的栖息地和结构。

3.3.1.2 工程建设项目全生命周期监管定义

英国的建筑物全生命周期是指"建筑物的整个生命周期，从材料采购、制造、建造、在特定时期内的使用、拆除和处置，包括运输排放和废物处置"。

了解建筑项目的全生命周期至关重要，因为它可以帮助项目经理高效及时地维护和组织任务。如果这些任务没有在预定时间内完成，可能会导致项目延误和预算超支等问题。

了解建筑项目的全生命周期不仅与参与建筑项目管理的人员相关，而且对建筑业主、用户和承包商等也很有帮助，以便各方都在某些问题上保持一致，明确何时应该解决问题，以及为什么在项目生命周期的某些时期执行任务。

在英国，工程建设项目的全生命周期监管涉及多个阶段，从项目的启动到最终关闭，每个阶段都有明确的规章和指导方针。这些监管措施旨在确保项目的健康、安全和成功实施。

（1）启动阶段

在项目启动阶段，确定项目目标或需求，通常通过商业案例或可行性研究来评估项目是否值得继续。项目经理在这一阶段被任命，并准备项目启动文件。

（2）规划阶段

这是最重要的阶段，项目经理会详细定义项目的范围，分配所需的人力和物资资源，制定时间表和预算，并评估潜在的风险。所有参与建设的承包商和第三方公司都会在这一阶段被任命。

（3）执行阶段

执行阶段是项目的实施阶段，所有规划阶段列出的任务在此阶段进行。项目经理必须确保任务按计划进行，并在出现延误或问题时进行调整和应对。

（4）关闭阶段

在项目关闭阶段，项目管理团队必须准备并交接所有必要项目文件，确保所有合同和支付都已解决。这一阶段还包括对项目的评估，并提供改进建议。

3.3.2 英国建筑材料防火性能监管现状

3.3.2.1 建筑材料防火性能质量监管

3.3.2.1.1 监管主体

住房、社区和地方政府部（Department for Levelling Up, Housing and Communities，DLUHC）发布了《认可文件B》（Approved Document B），这是关于建筑物防火安全的技术指南。该文件详细规定了建筑物中各类材料和构件的防火性能要求，是建筑设计和施工中遵循的重要标准。地方政府建筑控制机构（Local Authority Building Control，LABC）负责执行建筑法规，确保建筑物在设计和施工阶段符合防火安全要求。LABC会对建筑项目进行审核和检查，确保其符合《建筑法规》的规定。消防保护协会（Fire Protection Association，FPA）提供有关《2010年建筑法规》第38条的指导，确保建筑项目在设计和施工过程中共享防火安全信息。FPA还为保险公司和建筑业提供风险评估和管理建议。建筑研究机构（Building Research Establishment，BRE）开展防火性能研究，并提供如BS 8414大型系统测试的标准，用于评估建筑材料在火灾中的表现。BRE的研究和测试结果为制定和改进防火标准提供了科学依据。

3.3.2.1.2 责任主体

在英国建筑材料的防火性能和质量监管中，责任主体主要包括生产者、销售者和相关认证机构。这些主体在各自的职责范围内负责确保产品质量，并遵循相关法规和标准。

（1）生产者的产品质量责任和义务

生产者必须确保其产品符合英国建筑法规和防火安全标准。他们负责进行产品测试和认证，以确保产品的防火性能符合要求。生产者还必须确保产品标识的准确完整，包括产地、厂名、厂址等信息。禁止伪造或冒用认证标志；禁止伪造产品产地或冒用他人的厂名、厂址；禁止在产品中掺杂、掺假，以次充好。

（2）销售者的产品质量责任和义务

销售者必须确保其销售的产品已通过必要的防火性能测试和认证。销售者应确保其供应链中的产品符合相关法规和标准，并且在销售过程中提供准确的产品信息。

销售者也有责任确保不销售任何伪造或不合格的产品，并应向消费者提供必要的产品安全信息。

（3）认证机构的产品质量责任和义务

认证机构负责对建筑材料进行防火性能测试和认证。这些机构需要确保其认证过程的公正性和科学性，并出具符合标准的认证报告。

认证机构还负责监督市场上的产品，确保其持续符合认证标准，并对违规产品采取必要的纠正措施。

3.3.2.1.3 监管方式

在英国，市场监督是指帮助保护消费者免受不合规和不安全的非食品产品侵害的一系列活动。它支持安全和合规产品的自由流通，并通过在产品不安全或不合规时建立干预机制来帮助保护消费者。市场监督是英国监管和执行方法的一部分，旨在提供高水平的消费者保护和环境保护，促进消费者的选择和支持商业增长。

英国通过制定和实施建筑法规（Building Regulations），对建筑材料的防火性能进行严格的监管。DLUHC统筹管理和协调全国的监督抽查工作，确保各地执行统一的标准和方法。英国标准协会（BSI）制定并发布相关的国家标准，如BS 8414（外墙系统大型火试验）和BS EN 13501-1（反应火性能分类），这些标准为建筑材料的防火性能测试提供了具体的技术依据。监管机构通过随机抽样的方法，依据英国标准（如 BS 8414 和 BS EN 13501-1）进行防火性能测试，确保其符合国家标准。此类抽查和检验在全国范围内进行，以保障市场上销售的建筑材料符合规定。产品安全与标准办公室（Office for Product Safety and Standards，OPSS）和地方交易标准部门共同负责这些活动，确保市场上销售的建筑产品符合防火性能要求。

3.3.2.1.4 监管流程

（1）确定抽样对象

市场调查通过收集和分析市场上不同建筑材料的销售数据、市场份额、使用场景等信息，识别出高风险的产品类型和品牌。这一过程通常由产品安全与标准办公室和地方交易标准部门联合进行。

基于市场调查的数据，对各类建筑材料的风险进行评估。主要考虑因素包括历史投诉记录、事故报告、产品的使用频率和环境等。高风险产品会被优先列入抽样检查的对象。

（2）制订抽样计划

根据市场规模和风险评估结果，确定每个产品类型的抽样数量和频率。高风险产品的抽样频率较高，抽样数量也相应增加。

确定抽样的具体地点，包括制造商的生产场地、仓库、销售点等。确保抽样的覆盖面广泛，能够代表市场上产品的实际情况。

制定详细的标准操作程序（Standard Operating Procedures，SOPs），包括抽样的具体步骤、人员分工、抽样工具和方法等。SOPs 确保抽样过程的标准化和一致性，避免人为因素的影响。

对参与抽样的监管人员进行专门培训，确保其了解和掌握 SOPs，并能够严格按照标准操作执行抽样工作。

（3）协调与安排

根据需要选择具有资质的独立实验室进行检测，确保检测结果的公正性和科学性。实验室需具备执行相关的英国标准（BS）和欧洲标准（EN）测试方法的能力。

与实验室和执法机构协调，安排具体的抽样时间和人员，确保抽样工作能够顺利进行。根据实际情况，必要时组织多部门联合行动。

准备抽样所需的工具和材料，包括样品容器、封样设备、标签、记录表格等。

确保样品在抽样后能够安全、快速地送达实验室进行检测。物流安排包括运输工具、路线、时间等细节，确保样品在运输过程中不被污染或更改。

（4）结果处理

实验室将检测结果与相关标准进行对比，判断样品是否符合防火性能要求。如果样品符合标准，则记录在案，产品被判定为合格。

对于判定为合格的产品，监管机构将通知制造商或销售商，并将检测结果存档作为未来的参考。

如果样品不符合标准，监管机构将根据检测报告对产品进行不合格判定，并向制造商或销售商发出初步通知，说明检测结果不合格的具体原因。

制造商或销售商可以要求对样品进行复检，以确认初步检测结果。如果争议仍未解决,双方可以通过仲裁或其他法律途径解决争端。

监管机构将正式通知不合格产品的制造商或销售商,提供详细的检测报告和整改建议。通知内容包括产品的具体不合格项、整改期限和法律依据。制造商或销售商需根据通知要求制定整改计划,并在规定的期限内实施整改措施。

制造商或销售商可能需要召回不合格产品,停止销售并从市场上撤回已销售的产品。

根据检测结果和整改建议,制造商须改进生产工艺,确保未来生产的产品符合防火性能要求。

整改后,制造商须将整改后的产品重新送检,确保其符合相关标准并获得新的认证。

3.3.2.1.5 检验检测机构

在英国,建筑材料防火性能的检验检测由多个主要机构承担,以确保产品符合安全标准并在市场上合规。①英国标准协会(BSI)作为权威的标准和认证机构,提供广泛的防火性能测试和认证服务,采用英国标准(BS)和欧洲标准(EN)进行检测,确保结果的权威性和可靠性。②英国防火研究所(BRE)是一家独立的研究、测试和认证机构,专注于建筑材料和建筑系统的防火性能,提供防火测试、建筑性能评估、认证和培训等服务。③劳氏认证(Lloyd's Register)作为全球领先的认证机构,提供建筑材料的防火性能测试和认证服务,遵循国际和国家标准,确保检测的科学性和公正性。

检验检测流程包括样品接收与准备、防火性能测试、结果分析与报告。检测机构接收样品后进行初步检查和记录,按照标准操作程序(SOPs)进行准备,确保符合检测要求。防火性能测试包括燃烧测试、烟雾生成测试和热释放测试,评估样品在火焰下的反应和耐火性能。数据分析后,实验室编写详细的检测报告,提供给样品提供方和监管机构。

检测标准方面,英国采用 BS 476 系列标准进行防火测试,涵盖建筑材料的燃烧性能、烟雾生成、热释放等多个方面。欧洲标准 EN 13501 系列则提供建筑产品和建筑构件的防火分类标准,作为防火性能分级和认证的依据。

检验检测机构的资质认定和管理由国家质量监督检验检疫总局负责,国家认证认可监督管理委员会(国家认监委)负责统一管理、组织实施和综合协调。检验检测机构必须具备相应的检测条件和能力,经政府授权部门考核合格后,方可承担产品质量检验工作。这些机构按照资质认定部门的要求,参加能力验证或者比对,以保证持续符合资质认定条件和要求。资质认定部门在其官方网站上公布取得资质认定的检验检测机构信息,并注明资质认定证书状态,同时建立全国检验检测机构资质认定信息查询平台,方便社会查询和监督。

3.3.2.1.6 罚则

(1)对责任主体

如果责任主体(制造商和销售商)存在违规行为,监管机构可以采取多种具体的处罚措施。首先,对于违规行为进行罚款,根据违规行为的严重程度和对公众安全的影响确定金额,从数千英镑到数百万英镑不等。这些罚款依据《建筑产品法规》(*Construction Products Regulation*)和《建筑安全法》(*Building Safety Act*)的相关条款实施。此外,监管机构可以强制要求制造商或销售商召回不合格产品,停止销售并从市场上撤回已销售的产品,确保不安全的产品不再对公众构成威胁。对于屡次违规或违规行为特别严重的企业,监管机构有权要求其停业整顿,企业必须在问题解决并通过复检后才能重新营业。在极端情况下,特别是违规行为导致严重后果的,监管机构可以提起刑事诉讼,对相关责任人追究法律责任,包括监禁和巨额罚款。对于生产和销售企业,如果发现其生产和销售的产品不符合国家标准,监管机构会责令其停止生产和销售,并没收违法产品,罚款金额可以达到违法产品货值的三倍以上。如有违法所得,也将予以没收。对于情节严重的违规行为,监管机构有权吊销营业执照,并对相关责任人提起刑事诉讼,可能导致监禁和高额罚款。

(2)对检验检测机构

对于检测机构,如果未能按要求进行检测或存在虚假检测行为,资质认定部门有权吊销其资质,禁止其继续开展检测业务,对单位处以5万~10万英镑的罚款,对直接责任人员处以1万~5万英镑的罚款,情节严重的将取消其检验和认证资格。构成犯罪的情况,还将依法追究刑事责任。这一程序确保检测机构的公正性和检测结果的可靠性。若检验检测机构出具的检验结果或证明不实,造成损失的,应当承担相应的赔偿责任,若造成重大损失的,监管机构会撤销其检验资格和认证资格。此外,针对严重违反检测规范并导致重大安全事故的检测机构,监管部门可以采取法律行动,追究其法律责任,包括监禁和罚款。这些处罚措施依据《建筑产品法规》和《建筑安全法案》实施,通过这些具体的处罚措施,监管机构有效地维护了建筑材料市场的安全性和公平竞争,确保所有产品都符合严格的防火性能标准。

3.3.2.2 建筑材料防火性能设计阶段监管

3.3.2.2.1 监管主体

在英国,建筑材料防火性能在设计阶段的监管涉及多个关键机构,这些机构共同确保建筑材料和建筑设计符合严格的防火安全标准。主要的监管主体包括英国标准协会(British Standards Institution,BSI)、建筑研究所(Building Research Establishment,BRE)、地方政府的建筑控制部门(Building Control Bodies of Local Authorities)、国家建筑产品监管机构(National Regulator for Construction Products,NRCP)、以及消防和救援服务(Fire and Rescue Services)。

英国标准协会是制定和发布建筑材料防火性能标准的主要机构之一。BSI制定了包括BS 476系列在内的多个标准,为建筑材料提供具体的防火测试方法和要求。通过这些标准,BSI确保建筑材料和设计在早期阶段即符合国家和行业标准,从而有效地提升建筑物的防火性能。

建筑研究所则是一个独立的研究和咨询机构,专注于建筑环境的安全和性能。BRE提供防火测试和咨询服务,开发最佳实践指南,通过研究和测试,确保建筑材料和设计在规划阶段符合防火要求。这不仅有助于提高建筑物的安全性,还推动了行业内的安全创新。

地方政府的建筑控制部门在建筑材料和设计的防火性能监管中也发挥了重要作用。地方政府通过建筑控制部门,监督建筑项目的设计和施工,确保其符合《建筑法规》(*Building Regulations*)的防火要求。在设计阶段,这些部门会审查和批准建筑设计方案,确保其符合防火规范,并在发现不符合标准时,要求进行整改。

国家建筑产品监管机构，由产品安全与标准办公室（Office for Product Safety and Standards，OPSS）管理，负责建筑产品市场的监管，包括防火性能。NRCP通过对市场上建筑材料的抽查和检测，确保在设计阶段使用符合标准的材料，从而排除潜在的安全隐患。

最后，消防和救援服务部门在建筑设计阶段进行防火风险评估，提供改进建议，确保设计方案中包含有效的防火措施。这些部门还负责检查建筑设计中的防火措施，确保其符合《消防安全令》（Fire Safety Order）的要求。

3.3.2.2.2 责任主体

在英国，建筑材料防火性能设计阶段的责任主体可以细分为以下几个方面，每个方面都有特定的职责和监管要求。这些责任主体共同合作，确保建筑材料和建筑设计符合严格的防火安全标准，从而保障公众的生命财产安全。

（1）建筑材料生产企业

建筑材料生产企业在设计阶段的主要责任是确保其产品符合英国标准协会制定的防火性能标准。BSI发布的BS 476系列标准提供了详细的测试方法和要求，生产企业必须通过这些标准的测试和认证，确保其产品在实际应用中具备良好的防火性能。例如，BS 476-7—1997标准对材料表面火焰扩展进行测试，BS 476-22—1987标准对建筑构件的耐火性能进行评估。

（2）建筑设计和施工企业

建筑设计和施工企业在项目规划和设计阶段，负有确保所使用的建筑材料和设计方案符合防火性能要求的责任。这些企业需要遵守《建筑法规》的规定，该法规由地方政府的建筑控制部门监督执行。在设计阶段，企业必须合理配置防火墙、防火门和逃生路线等防火措施，并提交详细的设计方案供审查和批准。建筑控制部门有权要求对不符合标准的设计进行修改，以确保建筑项目达到防火要求。

（3）检验检测机构

独立的检验检测机构，如建筑研究所，在建筑材料防火性能设计阶段扮演着重要角色。这些机构提供防火性能测试和认证服务，通过严格的测试和评估，确保建筑材料符合相关的防火标准。BRE拥有先进的实验室和专业技术人员，能够进行全面的防火测试，并为市场提供权威的测试结果和认证服务。这些服务对于确保建筑材料在设计和应用阶段的安全性至关重要。

（4）地方政府的建筑控制部门

地方政府的建筑控制部门在设计和施工阶段负责对建筑项目进行监督，确保其符合《建筑法规》的防火要求。这些部门审查建筑设计方案，进行现场检查，并在发现不符合标准的情况下，要求进行必要的修改。建筑控制部门的职责包括核查建筑材料的认证文件、检查施工现场的防火措施，并对项目的整体防火性能进行评估和监督。

（5）国家建筑产品监管机构

国家建筑产品监管机构由产品安全与标准办公室管理，负责对市场上的建筑材料进行抽查和检测，以确保其符合防火性能标准。NRCP的职责包括市场监管、对不合规产品采取法律行动以及发布监管报告和改进建议。这一机构对于确保建筑材料在设计阶段的合规性和安全性方面发挥了重要作用。

(6) 消防和救援服务

消防和救援服务部门在设计阶段进行防火风险评估，并提供改进建议，确保设计方案中包含有效的防火措施。这些部门检查建筑设计中的防火措施，确保其符合《消防安全令》的要求。消防部门还会参与设计阶段的审核过程，提出关于防火墙、逃生路线、灭火设备等方面的专业建议，并在施工阶段进行检查和评估。

3.3.2.2.3 监管方式

具体的监管方式包括审查和批准、现场检查、标准制定与认证、市场监管以及处罚与纠正措施。在设计和施工阶段，建筑控制部门通过详细审查和现场检查，确保设计方案和施工过程符合防火要求。消防部门则进行防火风险评估，提出改进建议，并检查防火措施的实施情况。BSI 制定的标准为材料测试提供科学依据，BRE 通过测试和认证确保材料合规，而 NRCP 通过市场抽查和执法行动确保材料在设计和应用阶段符合标准。对于不合规行为，监管机构采取罚款、产品召回、吊销资质和执照等措施，确保市场上的建筑材料和设计符合严格的防火安全标准。

3.3.2.2.4 监管流程

在初步设计阶段，建筑设计和施工企业负有选择符合英国标准协会制定的防火性能标准的建筑材料，并设计出具备良好防火性能的建筑方案的责任。企业需要确保其设计方案包括防火墙、防火门、逃生路线等关键防火措施。内部审核是这一步的关键，企业需确保设计方案符合相关防火标准，如 BS 476 系列标准。

建筑设计和施工企业完成初步设计后，需将详细的设计方案提交给地方政府的建筑控制部门。设计方案必须包含所有必要的防火措施，并符合《建筑法规》的要求。建筑控制部门负责对提交的设计方案进行初步评审，确保方案完整并符合基本防火要求。

地方政府的建筑控制部门对提交的设计方案进行详细的技术审查，确保其符合防火性能标准。这一阶段包括对设计方案中的每个防火措施进行细致评估，确认其符合规定的防火标准。审查过程中，建筑控制部门会撰写评估报告，记录发现的问题和改进建议。如果发现设计方案不符合标准，企业将被要求进行修改和完善。

在技术审查通过后，建筑控制部门正式批准设计方案，并将审查结果和批准文件反馈给设计和施工企业。这些文件有助于指导企业进行下一步的施工准备。审批过程不仅确认了设计方案的合规性，还为后续的实施提供了明确的指引和要求。

在设计方案批准后，地方政府和消防服务部门继续监督设计和施工过程，确保实施过程中严格遵守防火标准。定期召开协调会议，讨论防火措施的实施和监督是这一阶段的重点。消防服务部门还会进行现场检查，确保防火措施按照批准的设计方案实施。

3.3.2.2.5 施工图审查

在施工图纸完成后，建筑设计和施工企业需要将详细的施工图纸提交给地方政府的建筑控制部门。施工图纸必须包括所有关键的防火措施，如防火墙、防火门、逃生路线和消防设备布置等。这是确保建筑物在实际施工中具备良好防火性能的基础。

建筑控制部门对提交的施工图纸进行初步审查，确保图纸的完整性和基本合规性。初步审查的过程包括检查图纸是否包含所有必要的防火设计细节和说明，并进行基本合规性评估，确保图纸基本符合《建筑法规》的防火要求。接下来，建筑控制部门对施工图纸进行详细的技术审查，确保所有防火措施符合相关标准和法规。详细评估过程包括对图纸中的每项防火措施进行细致评估，验证防火墙、防火门、逃生路线和消防设备布置等关键设计元素的防火性能。如果发现设计方案不符合标准，建筑控制部门会记录问题并反馈给设计和施工企业，要求进行必要的修改和改进。

根据建筑控制部门的反馈，建筑设计和施工企业需要修改施工图纸并再次提交进行审查。企业需要按照建筑控制部门的要求对图纸进行修改，确保所有问题都已解决，然后将修改后的图纸再次提交给建筑控制部门进行复审。

建筑控制部门对修改后的施工图纸进行复审，确保所有防火措施都已符合标准，并最终批准图纸。在确认图纸符合所有防火标准后，建筑控制部门正式批准施工图纸，并向设计和施工企业发出批准通知。这一批准标志着设计阶段的监管流程完成，施工可以按照批准的图纸进行。

3.3.2.2.6 罚则

（1）对责任主体

在英国，针对建筑材料防火性能设计阶段的责任主体（如建筑设计和施工企业），法律规定了严格的处罚措施。根据《建筑安全法》和《建筑法规》，如果企业在设计阶段未能遵守防火安全标准和法规，地方政府和建筑控制部门有权采取多种执法行动。具体处罚措施包括罚款、刑事责任和业务关闭。对于轻微的违规行为，罚款金额最高可达5000英镑；而对于严重的违规行为，罚款金额没有上限，并且责任人可能面临最高两年的监禁。特别是当违规行为涉及管理人员或董事的疏忽或默许时，这些个人也可能被追究刑事责任。此外，监管机构有权发布禁止令，限制或完全禁止该场所的使用，直至安全问题得到解决。

（2）对审图机构

对于负责设计阶段审查的审图机构，如地方政府的建筑控制部门，在未能有效执行防火审查职责时，同样面临严格的处罚措施。建筑控制和建筑安全监管机构（BSR）有权发布合规通知，要求在规定期限内整改不合规的工作；BSR还有权发布停止通知，要求在严重不合规问题解决之前，立即停止所有相关工作。未能遵守合规通知或停止通知的行为将构成刑事犯罪，最高处罚包括无限制的罚款和最高两年的监禁。此外，如果审图机构的疏忽或故意行为导致严重后果，相关负责人也可能被追究个人刑事责任。这些措施确保了个人对其职责负有责任，防止管理层对安全隐患置若罔闻，从而保障建筑设计阶段的防火安全。

3.3.2.3 建筑材料防火性能施工阶段监管

3.3.2.3.1 监管主体

地方政府的建筑控制部门负责监督和检查建筑项目在施工阶段的合规性，确保施工过程严格按照批准的设计方案进行，并符合《建筑法规》的要求。建筑控制部门通过定期进行现场检查，核查使用的建筑材料和施工方法，确保它们符合防火标准，并在施工完成后进行最终审核，颁发合规证书。

消防和救援服务在施工阶段进行防火风险评估和现场检查，确保防火措施符合《消防安全令》的要求。消防部门定期检查施工现场，评估防火墙、防火门、逃生路线和消防设备布置等关键防火措施的实施情况，并提供防火安全培训和咨询服务，帮助施工人员了解和遵守防火安全规范。

国家建筑产品监管机构，由产品安全与标准办公室管理，负责对施工中使用的建筑材料进行抽查和检测，确保其符合防火性能标准。NRCP通过对市场上的建筑材料进行随机抽查和执法行动，确保施工中使用的材料符合安全标准，对不合规的产品采取法律行动，包括罚款和产品召回。

施工企业和项目管理团队则负责在施工过程中严格遵守防火设计和建筑法规，确保所有防火措施按照批准的图纸和标准实施。施工企业进行自我检查和内部审核，确保施工过程中的防火措施符合设计要求，并与建筑控制部门和消防服务部门保持沟通，及时反馈施工进展和问题，确保防火措施的有效实施。通过这些监管主体的共同努力，英国在建筑材料防火性能的施工阶段能够有效地确保建筑物的整体安全性，保障公众的生命财产安全。

3.3.2.3.2 责任主体

建筑控制部门负责监督和检查建筑项目在施工阶段的合规性，确保施工过程严格按照批准的设计方案进行，并符合《建筑法规》的要求。这包括定期进行现场检查，核查使用的建筑材料和施工方法，确保它们符合防火标准。在施工完成后，建筑控制部门进行最终的审核并颁发合规证书。

消防和救援服务在施工阶段进行防火风险评估和现场检查，确保防火措施符合《消防安全令》的要求。他们定期检查施工现场，评估防火墙、防火门、逃生路线和消防设备布置等关键防火措施的实施情况。此外，消防部门还提供防火安全培训和咨询服务，帮助施工人员了解和遵守防火安全规范。

由产品安全与标准办公室管理的国家建筑产品监管机构负责对施工中使用的建筑材料进行抽查和检测，确保其符合防火性能标准。NRCP通过对市场上的建筑材料进行随机抽查和执法行动，确保施工中使用的材料符合安全标准，并对不合规的产品采取法律行动，包括罚款和产品召回。

施工企业和项目管理团队在施工过程中负有严格遵守防火设计和建筑法规的责任，确保所有防火措施按照批准的图纸和标准实施。施工企业进行自我检查和内部审核，确保施工过程中的防火措施符合设计要求，并与建筑控制部门和消防服务部门保持沟通，及时反馈施工进展和问题，确保防火措施的有效实施。

（1）建筑控制部门的责任和义务

建筑控制部门负责定期对施工现场进行检查，核查施工是否按照批准的设计方案和防火标准进行。这包括检查防火墙、防火门、逃生路线等关键防火措施的实施情况，确保所有施工活动符合规定的防火要求。

建筑控制部门核查施工过程中使用的建筑材料，确保这些材料符合防火性能标准。此外，还要监督施工方法，确保施工团队严格按照安全规范操作，避免因施工方法不当而影响建筑物的防火性能。

如果在检查过程中发现不符合防火标准的情况，建筑控制部门有权发布合规通知，要求在规定期限内进行整改。对于严重违规行为，可以发布停止施工通知，要求立即停止所有相关施工活动，直到问题得到解决。未能遵守这些通知将导致进一步的执法行动，包括罚款和法律责任。

在施工完成后，建筑控制部门进行最终的审核，确认所有防火措施都已到位并符合标准。通过详细检查，确保所有施工活动严格按照批准的设计方案和防火要求实施。

确认所有要求都满足后，建筑控制部门颁发合规证书。这标志着建筑物已经通过了所有必要的防火安全检查，具备了投入使用的条件。这一步骤对确保建筑物的防火安全至关重要，是施工阶段监管流程的最终环节。

（2）消防和救援服务部门的责任和义务

消防和救援服务部门负责定期对施工现场进行检查，确保防火措施如防火墙、防火门、逃生路线和消防设备的布置都符合设计标准和法规要求。通过这些检查，消防部门能够识别潜在的火灾隐患，并要求立即进行整改。

在施工阶段，消防和救援服务部门进行防火风险评估，以评估施工现场的火灾风险。评估内容包括材料的易燃性、施工方法的安全性以及施工现场的防火措施是否充分。这些评估帮助施工团队了解潜在的风险，并采取适当的预防措施。

消防和救援服务部门为施工人员提供防火安全培训。这些培训课程涵盖防火知识、紧急情况处理程序以及使用消防设备的方法，确保施工人员具备应对火灾风险的基本技能和知识。消防部门提供防火安全咨询服务，帮助施工企业和项目管理团队理解并遵守防火法规和标准。这些咨询服务包括审核施工计划、建议改进措施及提供技术支持，确保所有防火措施在施工阶段得到正确实施。

消防和救援服务部门有权采取执法措施，以确保施工阶段的防火安全。对于不符合防火标准的行为，消防部门可以发布改进通知，要求在规定期限内进行整改。对于严重违规行为，可以采取进一步的法律行动，包括罚款和起诉。消防和救援服务部门持续监控施工项目的合规性，确保所有防火措施按照批准的设计方案和法规要求实施。通过定期检查和监控，消防部门能够及时发现并纠正任何不符合防火标准的情况，保障施工过程的安全。

（3）国家建筑产品监管机构的责任和义务

NRCP通过持续监督和定期抽查，确保施工中使用的建筑材料始终符合防火标准。监管机构的合规性监督包括检查施工现场材料的使用情况，确保施工企业遵循防火法规和标准，杜绝使用不合规的材料。

NRCP发布有关建筑材料防火性能的技术指导和最佳实践指南，帮助施工企业和项目管理团队了解和遵守防火标准。这些指导文件提供了详细的技术要求和实施建议，确保施工阶段的材料选择和使用符合最新的防火规范。NRCP还为建筑行业从业人员提供与防火性能相关的培训，确保他们掌握最新的法规和标准。培训内容包括防火材料的选择、使用规范以及应对不合规情况的措施，旨在提高整个行业的防火安全意识和能力。

（4）施工企业和项目管理团队的责任和义务

施工企业和项目管理团队必须严格按照批准的设计方案和建筑法规进行施工。确保所有防火措施，包括防火墙、防火门、逃生路线和消防设备，按设计要求正确实施。这些措施必须符合英国标准（BSI）和欧洲标准（EN）的防火性能要求。

施工企业须在施工过程中进行自我检查和内部审核，以确保防火措施的实施符合设计方案和法规要求。施工管理团队负责监督现场工作，定期检查关键防火设施和材料的安装情况，及时发现并纠正任何不合规的情况。

施工企业和项目管理团队须与建筑控制部门和消防服务部门保持紧密沟通，确保所有施工活动符合防火安全标准。施工团队应及时向监管机构报告施工进展和防火措施的实施情况，并接受监管机构的检查和指导。

施工企业有责任为员工提供防火安全培训，确保施工人员了解并遵守防火安全规范。培训内容应包括防火材料的正确使用、应急响应程序以及火灾预防措施，提升施工人员的防火安全意识和技能。项目管理团队须建立并实施严格的安全管理制度，涵盖防火安全的各个方面。这包括制订详细的防火安全计划，设立专职安全管理人员，定期组织防火演练和应急演习，确保在火灾发生时能够迅速有效地应对。

施工企业需确保所有使用的建筑材料符合防火标准，并妥善管理和存储这些材料。特别是易燃材料，应严格按照规定存放，防止火灾隐患。项目管理团队需定期检查材料存储区域，确保符合安全规范。

3.3.2.3.3 监管方式

在英国，建筑材料防火性能的施工阶段监管方式涉及多个方面，确保施工项目符合防火安全标准和法规。这些方式包括现场检查、材料检测、合规性监督和执法等。

3.3.2.3.4 监管流程

在施工过程中，建筑控制部门和消防服务部门定期对施工现场进行检查，确保所有防火措施按照批准的设计方案实施。这包括检查防火墙、防火门、逃生路线和消防设备的安装情况，核查施工方法是否符合安全规范。同时，国家建筑产品监管机构通过产品安全与标准办公室进行随机抽查和检测，确保施工中使用的建筑材料符合防火性能标准。这包括对制造商、供应商和施工现场材料的抽样检测，验证其防火性能是否符合英国标准和欧洲标准。

如果在检查过程中发现不符合防火标准的情况，建筑控制部门和消防服务部门可以发布合规通知，要求施工企业在规定期限内进行整改。对于严重违规行为，可以发布停止施工通知，要求立即停止所有相关施工活动，直到问题得到解决。消防服务部门还为施工企业和项目管理团队提供防火安全培训和咨询服务，帮助他们了解并遵守防火安全规范，确保施工人员具备应对火灾风险的基本技能和知识。

对于不符合防火性能标准的材料和施工行为，NRCP和其他监管机构有权采取执法行动，包括发布改进通知、罚款和产品召回。严重违规行为可能导致法律诉讼和刑事责任，确保施工中使用的材料和方法符合安全标准。最后，在施工完成后，建筑控制部门进行最终审核，确认所有防火措施都已到位并符合标准。确认所有要求都满足后，建筑控制部门颁发合规证书，标志着建筑物已经通过了所有必要的防火安全检查，具备了投入使用的条件。通过这些详细的监管流程，英国确保建筑材料和施工过程在早期阶段即符合严格的防火安全标准，保障建筑物的整体安全性，保护公众的生命财产安全。

3.3.2.3.5 消防审验技术服务单位

建筑研究所提供防火安全评估、技术咨询和支持以及设备测试和认证服务，确保建筑设计和施工方案符合相关法规和标准。英国标准协会负责制定和发布建筑防火性能标准，如 BS 476 系列标准，并提供建筑材料和防火设备的测试和认证服务，确保其符合英国和国际标准。

消防保护协会则专注于防火安全培训和技术咨询，帮助施工人员和项目管理团队理解和遵守防火安全规范。此外，FPA 对施工现场的防火措施进行审核和验证，确保符合设计要求和法规标准。国家消防首席委员会（National Fire Chiefs Council，NFCC）提供防火安全政策指导和建议，协助地方消防部门和企业实施防火安全措施，并推动防火安全领域的研究和开发。

洛伊德注册质量保障（Lloyd's Register Quality Assurance，LRQA）则提供防火安全的第三方认证服务，对建筑项目进行审核和检查，确保防火措施符合国际和国家标准。这些单位通过提供全面的服务，确保建筑项目在施工和验收阶段的防火措施符合严格的安全标准，从而保护公众的生命财产安全。

3.3.2.3.6 罚则

（1）对责任主体

对于施工企业和项目管理团队，如果未能遵守防火设计和建筑法规，可能面临严重的罚款。即使轻微违规行为也有可能被罚款高达 5000 英镑，而严重违规行为则没有上限，且罚款金额会根据违规行为的严重性评估。对于严重违反防火规定的企业，监管机构有权发布禁止令，限制或完全禁止该场所的使用，直至安全问题得到解决。禁止法令一旦下达则立即生效，必须遵守以确保安全。施工企业的严重违规行为，如未能遵守执法通知或存在重大安全隐患，将会导致刑事指控，包括监禁。特别是当违规行为涉及管理人员或董事的疏忽或默许时，这些个人也可能被追究刑事责任。刑事责任的最高处罚包括无限制的罚款和最高两年的监禁。

（2）对消防审验技术服务机构

对于消防审验技术服务机构，如果未能提供准确的防火审验服务，可能面临罚款，罚款金额会依据违规行为的严重性评估，以确保服务机构承担其应有的责任。在提供虚假或误导性防火审验报告的情况下，服务机构可能会被暂停业务或吊销资质，这一措施确保了只有具备诚信和专业能力的机构才能继续提供服务。在严重违规的情况下，服务机构的负责人可能会面临刑事指控，通常适用于那些提供了严重误导或错误信息，导致重大安全隐患的情况。刑事责任的最高处罚同样包括无限制的罚款和最高两年的监禁。

3.3.2.4 建筑材料防火性能使用阶段监管

3.3.2.4.1 监管主体

地方政府通过其建筑控制部门定期检查建筑物，确保其防火措施和材料持续符合《建筑法规》和其他相关标准。消防和救援服务部门负责定期审查和评估建筑物的消防安全情况，包括防火材料的性能和防火设备的维护情况，并在发生火灾时进行应急响应和原因调查。国家建筑产品监管机构通过产品安全与标准办公室对市场上的建筑材料进行抽查和检测，确保其在使用阶段继续符合防火性能标准，并对不合规的产品和行为进行法律执行，包括发布改进通知、罚款和产品召回。建筑物的所有者和管理者负责定期维护和检查防火设备和材料，确保其在使用阶段始终处于良好状态，并保持详细的检查和维护记录。第三方审验机构负责对建筑物的防火措施进行独立的审验和认证，提供技术支持和咨询服务,帮助建筑物所有者和管理者理解并遵守防火安全法规和最佳实践。

3.3.2.4.2 责任主体

地方政府和建筑控制部门负责定期检查建筑物的防火措施,确保其符合《建筑法规》和其他相关标准,并对建筑物进行合规性评估,确保所有防火设备和措施正常运行,维护公共安全。消防和救援服务部门在建筑物的使用阶段发挥关键作用,负责定期审查和评估建筑物的消防安全情况,包括防火材料的性能和防火设备的维护情况,并在发生火灾时进行紧急响应和原因调查,确保类似问题不再发生。国家建筑产品监管机构通过产品安全与标准办公室进行市场监管,确保建筑材料在使用阶段继续符合防火性能标准,以及对市场上的建筑材料进行抽查和检测,对不合规的产品和行为进行法律执行,包括发布改进通知、罚款和产品召回。建筑物所有者和管理者负有维护和检查防火设备和材料的责任,确保这些设施在使用阶段始终处于良好状态,并保存详细的检查和维护记录,以备监管机构审查时提供证据,确保建筑物持续符合防火安全标准。第三方审验机构提供独立的防火安全审验和认证服务,确保建筑物的防火措施符合最新的防火安全标准,并提供技术支持和咨询服务,帮助建筑物所有者和管理者理解并遵守防火安全法规和最佳实践。通过这些责任主体的共同努力,英国在建筑材料防火性能使用阶段能够有效地确保建筑物的整体安全性,保护公众的生命财产安全。

3.3.2.4.3 监管方式

在英国,建筑材料防火性能使用阶段的监管方式涉及多个方面,以确保建筑物在使用阶段继续符合严格的防火安全标准。地方政府和建筑控制部门通过定期检查建筑物的防火措施,评估防火墙、防火门、逃生路线和消防设备的状态和功能,确保其符合《建筑法规》和其他相关标准。同时,消防和救援服务部门定期审查建筑物的消防安全情况,确保所有防火措施有效运行,并能在紧急情况下提供充分的保护。

国家建筑产品监管机构通过产品安全与标准办公室对市场上的建筑材料进行随机抽查和检测,确保这些材料在使用阶段继续符合防火性能标准。这些抽查有助于及时发现和纠正不合规的材料,防止其在建筑物中使用。此外,NRCP对不合规的产品和行为采取法律行动,包括发布改进通知、罚款和产品召回,以确保市场上的建筑材料符合安全标准。

建筑物的所有者和管理者负有定期维护和检查防火设备和材料的责任,确保其在使用阶段始终处于良好状态。这包括定期测试消防设备、检查防火门和防火墙的完整性,确保逃生路线畅通无阻。此外,他们还需保存详细的检查和维护记录,以备监管机构审查时提供证据,证明建筑物持续符合防火安全标准。

第三方审验机构提供独立的防火安全审验和认证服务,确保建筑物的防火措施符合最新的防火安全标准。这些机构提供公正的评估,帮助确认建筑物的防火措施是否有效。同时,他们还提供技术支持和咨询服务,帮助建筑物所有者和管理者理解并遵守防火安全法规和最佳实践,确保防火措施得到正确实施和维护。

3.3.2.4.4 监管流程

首先,地方政府和建筑控制部门通过定期检查建筑物的防火措施,评估防火墙、防火门、逃生路线和消防设备的状态和功能,确保其符合《建筑法规》和相关标准。这些检查帮助确保所有设备和措施都在正常运行中，并提供必要的合规报告和建议。同时，消防和救援服务部门定期审查建筑物的消防安全情况，确保防火材料和设备在紧急情况下能够提供充分保护，并在发生火灾时进行现场处理和原因调查，防止类似问题再次发生。

国家建筑产品监管机构通过产品安全与标准办公室对市场上的建筑材料进行随机抽查和检测，确保这些材料在使用阶段继续符合防火性能标准。这些抽查有助于及时发现和纠正不合规的材料，防止其在建筑物中使用。此外，NRCP对不合规的产品和行为采取法律行动，包括发布改进通知、罚款和产品召回，以确保市场上的建筑材料符合安全标准。

建筑物的所有者和管理者负有定期维护和检查防火设备和材料的责任，确保这些设施在使用阶段始终处于良好状态。这包括定期测试消防设备、检查防火门和防火墙的完整性，以及确保逃生路线畅通无阻。他们还需保存详细的检查和维护记录，以便在监管机构进行审查时提供证据，证明建筑物持续符合防火安全标准。

第三方审验机构负责对建筑物的防火措施进行独立的审验和认证，确保其符合最新的防火安全标准。这些机构提供公正的评估，帮助确认建筑物的防火措施是否有效。同时，他们还提供技术支持和咨询服务，帮助建筑物所有者和管理者理解并遵守防火安全法规和最佳实践，确保防火措施得到正确的实施和维护。

3.3.2.4.5 罚则

如果建筑物所有者和管理者未能维护和检查防火设备和材料，确保其符合防火安全标准，可能面临严重的罚款。罚款金额视违规行为的严重程度而定，轻微违规行为可能被罚款数千英镑，而严重违规行为则可能面临更高的罚款。

对于严重违反防火规定的行为，监管机构有权发布禁止令，限制或完全禁止场所的使用，直至安全问题得到解决。此类措施确保建筑物在未解决安全隐患前不得继续使用。

严重违规行为，如未能遵守执法通知或存在重大安全隐患，责任人可能面临刑事指控，包括监禁。尤其是当违规行为导致火灾或严重安全隐患时，相关责任人将被追究刑事责任。

3.3.2.5 保险应用

保险公司在提供保险之前，会对建筑物进行现场检查和风险评估，评估防火措施和材料的状态。这包括检查防火墙、防火门、逃生路线和消防设备的状态和功能，确保其符合防火安全标准。根据评估结果，保险公司为建筑物进行风险评级。风险评级影响保费的确定，较高的防火安全标准通常会降低保费。

火灾保险政策通常涵盖因火灾引起的直接损失，包括建筑物损坏、设备损坏和业务中断等。具体的覆盖范围和条款取决于保险合同的规定。保险公司可能会要求建筑物所有者和管理者遵守特定的防火安全措施和维护规定，以维持保险覆盖。这包括定期检查和维护防火设备，并保留详细的记录。

在火灾事故发生后，建筑物所有者和管理者需要向保险公司提交理赔申请，提供损失证明和相关文件。保险公司会对理赔申请进行审核，确定损失的真实性和保险政策的适用性。保险公司派遣理赔评估师对损失进行详细的评估，并确定赔偿金额。赔偿金额根据保险合同的条款支付，用于修复或更换损坏的建筑物和设备，以及补偿因业务中断造成的经济损失。

保险公司可能会提供防火安全建议和技术支持，帮助建筑物所有者和管理者改进防火措施，降低火灾风险。这些建议可能包括安装先进的消防设备、改进防火材料的使用和加强防火培训。保险公司有时会提供防火培训课程，旨在帮助建筑物所有者、管理者和员工了解防火安全知识和最佳实践，增强应对火灾的能力。

3.4 日　　本

3.4.1 建筑材料防火性能质量监管

日本从管理机构和管理制度两个方面确保建筑技术法规实施和监管落到实处。

3.4.1.1 监管主体

建筑基准法的实施通过行政管理程序进行管理。政府指定审批、检查、认定、性能评估等机构，并对建筑检查和审查人员进行登记、型式认定等。

日本建筑技术法规的管理和实施是政府主导型，管理机构主要有国土交通省和指定机构日本建筑中心。

（1）国土交通省

国土交通省是建筑基准法的全权负责机构，除了组织编制修订法律和签发实施条例、省令和告示外，主要的监管体现在建筑法规合格检查人员的资质检查和注册，指定合格检查机构、性能评估机构和批准机构以及批准建筑材料、建筑部件，遵循性能条款的建筑设计方案等。

（2）日本建筑中心（BCJ）

日本建筑中心既是法规的管理机构，又是法规实施的监管机构。主要活动包括法规及指南的编制和实施，提供法规的解释性文件及新技术的推广文件，建筑审批和检查，建筑技术评估、批准和认证等。

（3）日本住宅保证检查机构（JIO）

JIO是国土交通大臣指定的住宅性能评价机构，主要针对新建、改建的住宅建筑，从基础动工、中期检查、竣工检查的全生命周期进行严格的审查。

（4）日本建筑材料试验中心（JTCCM）

JTCCM主要对建筑物和土木工程结构中使用的材料、部件、配件等单元产品以及设备进行材料、结构、耐火性和环境测试。同时，基于建筑标准法的性能评估和类型合格认证，依据住房质量保证促进法的测试结果认证和住房类型性能认证，以及老年福利设施安全相关标准的合格认证，还包括建筑材料、技术等认证。

建筑技术管理机构除了上述国土交通省和日本建筑中心外，还有县、市政府指定的管理机构（表3-1）。日本大多数基层地方政府都作为指定的管理机构，具体负责建筑技术法规实施的管理工作，是法规实施和监管的主力军，这些机构的建设官员负责建筑许可审批和现场检查，指定的管理机构负责接收定期检查报告和处理违规行为。

表 3-1 指定管理机构

指定区分	机构名称	对象建筑	业务区域
国土交通大臣	日本建筑中心	所有建筑物、构筑物、电梯等的确认和检查	日本全国
	日本 ERI 株式会社		
	美好生活综合基金会	所有建筑物、建筑设备和结构	
	必维日本有限公司	所有建筑物、建筑设备和工件	
关东地方振兴局	神奈川县建筑物确认检验机构有限公司	建筑物限于距地面 45m 以下；建筑物设备：升降机、小型物品电梯、自动扶梯；建筑物外立面；挡土墙、广告塔	东京都地区（岛屿除外）、神奈川县、千叶县、埼玉县全区、茨城县地区（筑波市、土浦市、取手市、石冈市、霞浦市、筑波未来市、守谷市、牛久市）（仅限于龙崎市、稻敷市、阿美町、利根町、河内町、三浦村）
	建筑导航确认评估机构有限公司	所有建筑物、建筑设备和结构的确认和检查	东京都（不含离岛）、埼玉县、神奈川县、千叶县、茨城县、栃木县、群马县、山梨县、长野县
	UDI 确认检验有限公司	高度 60m 以下的建筑物（仅限有指定施工监理人员的建筑物）、电梯、构筑物	千叶县全区、东京都（岛屿除外）、埼玉县、茨城县、神奈川县、群马县、栃木县

3.4.1.2 责任主体

日本的责任主体包括日本建筑中心、日本住宅保证检查机构、日本建筑材料试验中心。

作为日本建筑法规体系的核心管理机构，建筑中心兼具法规制定与实施监管的双重职能。其主要职能涵盖法规体系构建、技术推广服务、行政审批监管三大领域：负责建筑法规及技术指南的编撰与实施；定期发布法规解释文件及新型建筑技术推广手册；统筹开展建筑项目行政审批、现场质量核查、建筑技术综合评估及产品认证等工作。

JIO 是经日本国土交通省官方授权的专业评估机构，专注于住宅建筑质量管控体系。针对新建及改建住宅项目，该机构构建了全生命周期质量审查机制，覆盖项目立项、施工监管到竣工验收的全流程质量管控，重点实施地基工程核验、施工中期质量巡检、竣工综合验收三大关键节点的标准化审查。

JTCCM 作为建筑产品综合检测认证机构，其核心业务包括建筑材料质量检测与专业技术认证两大体系：在质量检测方面，对建筑及土木工程用材料、构件、设备等开展物理特性、结构稳定性、耐火等级及环保指标等多维度测试；在认证服务方面，建立涵盖《建筑标准法》性能评估与类型认证、《住房质量保证促进法》测试认证与住房性能认定、老年福利设施安全标准合规认证等多元化认证体系，形成覆盖建筑产业链的产品质量认证网络。

3.4.1.3 监管方式

（1）建筑许可

建筑业主的新建/扩建建筑方案必须经地方政府建设官员和指定的审批检查机构审

查并确认其符合法规（不局限于 BSL），获得建设许可。

签发建设许可之前，建筑方案要征得消防站负责人或消防检查人员同意。

（2）施工检查

根据 BSL 和建筑师法，建筑营造商必须按照建筑师的设计方案进行施工。在施工过程中，建设官员或指定的审批检查机构进行中期检查，竣工后 4 日内进行最终检查。

（3）资质保证

从事设计、监理、结构计算的审查人员、建设官员，必须具有资质、执照，并拥有一定的从业经历，且已通过相关考试。

（4）违规行为处理

一旦确认建筑有违规问题存在，指定的管理机构有权依法叫停施工、拆除/迁移/重建，或禁止/限制使用建筑等。

3.4.1.4 监管流程

日本建筑技术法规的实施依靠严格的监管程序，如图 3-14 所示。《建筑基准法》和《建筑师法》等对法规实施的监管做出了规定。建筑师法规定的要求对建筑工程师同样适用。日本地方政府建设官员及指定机构，通过设计审查（相当于建设许可）、施工中期检查、竣工验收检查、使用阶段定期检查、检查人员登记等手段进行监管。

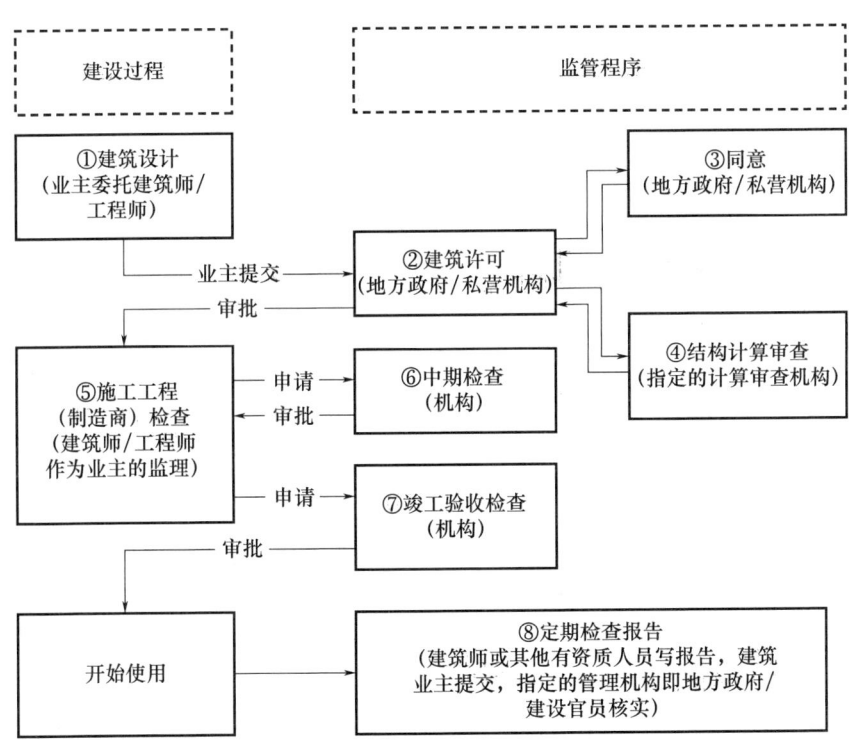

图 3-14 地方政府建设官员及指定机构过程监管

3.4.1.5 检验检测机构

以日本建筑中心为例，展示具体相关的负责部门，如图 3-15 所示。

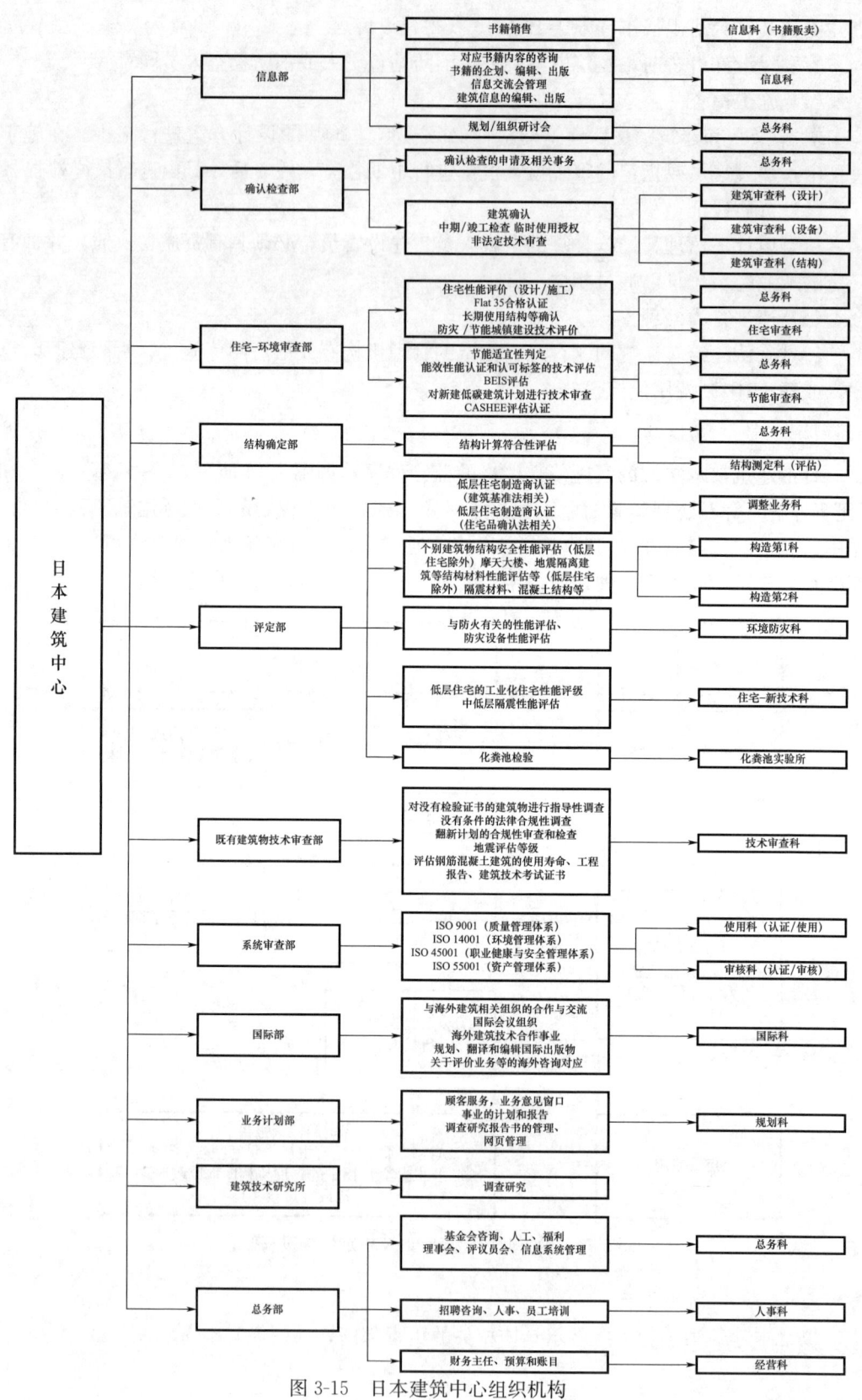

图 3-15 日本建筑中心组织机构

建筑从设计到运营有多方参与，明确各方职责非常重要。在日本，业主任命建筑师/工程师进行设计和施工监督检查，以此保证项目符合法规和建设过程顺利进行。在建筑和设备使用阶段进行定期安全检查（间隔6个月～3年），并出具定期检查报告。建筑师要确保设计方案符合技术法规，施工符合设计方案。建造商应与专业人士一起根据合同诚信施工。建设官员/指定的审批检查机构应通过审查和检查，确保建设方案和施工符合技术法规。房屋营销商（可以是建造商）负责确保新建房屋在10年内无重大问题。自2009年10月1日起实施的强制保险/押金制度，包括了房屋营销商的责任。

3.4.1.6 罚则

（1）法律原文

根据《刑法典》第246（1）条，如果假冒或疑似假冒品牌产品以假充真进行销售，且购买者相信其为真正的品牌产品，则犯罪者犯有欺诈罪。欺诈罪的刑罚可能是"10年以下有期徒刑"。

销售或转让假冒品牌商品属于《商标法》《外观设计法》《著作权法》等法律禁止的违法行为，最高可判处10年监禁和1000万日元罚款。

（2）违反《建筑基准法》的处罚

① 木材、钢材、混凝土及国土交通大臣指定的其他建筑材料（以下简称"指定建筑材料"）属于下列各项之一。其质量符合国土交通大臣针对每种指定建筑材料所确定的日本工业标准或日本农业标准。

② 除前一项所列的材料外，经国土交通大臣认证，符合国土交通大臣确定的安全、防火或卫生方面的质量技术标准的材料。

违反第37条（包括依第88条第一项规定适用的情况）规定，且该建筑物、构筑物或建筑设备的设计者如果交付的建筑材料或建筑物的一部分与书中描述的全部或部分经认证的建筑材料等不同，则该建筑材料或建筑物的一部分应交付给施工人员且不得使用。设计文件存在不实或未按照设计文件进行施工的人员（移交与设计文件中列出的经认证的建筑材料不同的建筑材料或建筑物的一部分的人），应处以一年以下监禁或100万日元以下罚款。

3.4.2 建筑材料防火性能设计监管

3.4.2.1 监管主体

在建筑材料防火性能设计阶段，主要的监管主体包括国土交通省（MLIT）、地方政府、日本建筑中心和独立的第三方检测机构等。国土交通省负责制定和发布相关法律法规和技术标准，地方政府则负责具体实施和监督。日本建筑中心提供材料和设计的防火认证服务，而独立的第三方检测机构则负责材料的防火性能测试和认证。

3.4.2.2 责任主体

责任主体包括建筑师和建筑师事务所、施工单位以及建筑材料供应商。建筑师和建筑师事务所负责设计符合防火法规和标准的建筑方案，施工单位确保施工过程中严格按照设计图纸和防火要求操作，而建筑材料供应商则需提供符合防火标准的材料并确保其质量和性能。

3.4.2.3 监管方式

监管方式包括法规和标准制定、材料认证、设计审查、施工监督及定期检查。通过《建筑基准法》等法律法规，明确防火性能要求。第三方检测机构对材料进行防火性能测试并颁发认证证书。地方政府对设计图纸进行防火性能审核，并在施工过程中与监理公司一起进行现场监督，确保防火措施的落实。此外，定期对已建成的建筑物进行防火检查和维护，以保证其持续符合防火要求。

3.4.2.4 监管流程

从法律法规的发布开始，由国土交通省发布和更新与防火相关的法律法规和技术标准。建筑师依据法规设计符合防火要求的建筑方案，选择经过认证的防火建筑材料，并提交第三方检测机构进行性能测试。

3.4.2.5 施工图审查

在施工图审查阶段，建筑师提交详细的设计图纸，包括防火设计说明和材料清单，地方政府的建筑审查部门对图纸进行详细审核，检查防火设计是否符合《建筑基准法》和相关标准。如果图纸不符合要求，地方政府会提出修改意见，建筑师需进行修订并再次提交。审查通过后，地方政府颁发建筑许可，允许施工开始。通过这一严格的审查过程，确保设计阶段的防火性能要求得到落实。

3.4.2.6 罚则

在某些情况下，销售或转让假冒品牌产品的行为可能违反《设计法》或《版权法》。违反《外观设计法》和《著作权法》可导致"最高10年监禁或最高1000万日元罚款"（《外观设计法》第69条、《著作权法》第119条）。

3.4.3 建筑材料防火性能施工阶段监管

3.4.3.1 监管主体

在施工阶段，对建筑材料防火性能的监管由多个政府机构和组织共同承担：

（1）国土交通省

负责制定和执行建筑法规，包括施工阶段的防火规范。监督建筑工程的全过程，确保使用的建筑材料符合防火标准。

（2）消防厅（FDMA）

制定施工阶段的消防安全标准和规范；与地方政府合作，监督施工现场的消防安全措施。

（3）地方政府和市政当局

负责地方层面的施工监管，确保建筑工程符合地方消防安全标准。进行现场检查，核实建筑材料的防火性能是否达到规定要求。

(4) 第三方检测和认证机构

负责对施工过程中使用的建筑材料进行防火性能检测和认证。提供独立的检测报告，确保材料符合国家和地方的防火标准。

3.4.3.2 责任主体

在建筑材料防火性能的施工阶段，责任主体主要包括：

(1) 建筑材料供应商

负责提供符合防火性能要求的建筑材料，并确保材料在运输和存储过程中不受损害。此外还必须提供相关的检测报告和认证文件，证明材料符合防火标准。

(2) 建筑设计和施工公司

在施工过程中，必须选择和使用符合防火性能要求的建筑材料。确保所有安装和施工过程符合相关的防火规范和标准，并进行自检和记录。

(3) 项目管理公司

负责施工现场的管理和监督，确保建筑材料的防火性能在施工阶段得到有效控制。协调各方工作，确保施工过程中的防火措施和材料使用符合规定。

(4) 建筑工程师和施工人员

负责具体的施工操作，确保按设计要求使用防火材料，并遵守施工现场的防火规范。施工阶段参与人员必须具备相关的专业知识和技能，确保施工过程中不损害材料的防火性能。

(5) 监理单位

负责对施工全过程进行监督检查，确保建筑材料和施工方法符合防火要求。对发现的问题及时提出整改建议，并跟踪整改落实情况。

3.4.3.3 监管方式

(1) 法规和标准

国土交通省和消防厅制定了详细的法规和标准，规范建筑材料的使用和施工方法。这些法规和标准涵盖了从材料选择、施工工艺到施工后验收的各个环节。建筑项目必须严格遵守这些法规和标准，确保每个环节都符合防火要求。任何违反这些法规和标准的行为都将会受到严厉的处罚。

(2) 许可证和审批

在施工前，建筑项目需要向地方政府申请施工许可。在申请过程中，施工计划必须详细说明所使用的建筑材料及其防火性能，地方政府会根据相关法规和标准对这些材料进行审核和批准。这一过程确保了在施工开始前，所有使用的建筑材料都符合防火要求。

(3) 现场检查和验收

根据BSL和建筑师法，建筑营造商必须按照建筑师的设计方案进行施工，在施工过程中，建设官员或指定的审批检查机构进行中期检查，竣工后4日内进行最终检查。中期检查项目表和竣工检查项目表见表3-2和表3-3。

表 3-2 中期检查项目表

序号	项目名称
1	联络表格
2	申请临时检查表格
3	小改动说明
3	细微更改列表
4	授权书的种类（如何选择）
4	授权委托书（1）
4	授权委托书（2）
4	授权委托书（3）
4	授权委托书（4）
5	施工结果报告
5	（1）混凝土施工成果报告
5	（2）钢结构施工成果报告

表 3-3 竣工检查项目表

序号	项目名称
1	联络表格
2	竣工检查申请书
3	小改动说明
3	细微更改列表
4	与确保建筑物能耗性能的计划相关的细微变化的解释
5	附加说明（完工检查）
5	附加说明（完工检查）示例
6	授权书的种类（如何选择）
6	授权委托书（1）
6	授权委托书（2）
6	授权委托书（3）
6	授权委托书（4）
7	施工结果报告
7	（1）混凝土施工成果报告
7	（2）钢结构施工成果报告
8	建筑设备施工监理状况报告等 （超过 500m² 的三层或三层以上的建筑物，不包括地下室）
8	（1）关于建筑设备施工监理情况的报告
8	（2）建筑设备概要
8	（3）楼宇设备工作监督情况报告
8	（4）防火门、防火风门等联锁设备的测试记录
8	（5）备用电源（内部发电机）测试报告
8	（6）备用电源（蓄电池设备）测试报告

续表

序号	项目名称
9	建筑设备施工监理情况报告等（除上述8项以外的建筑物）
	（1）关于建筑设备施工监理情况的报告
	（2）建筑设备概要
	（3）楼宇设备工作监督情况报告
	（4）防火门、防火风门等联锁设备的测试记录
	（5）备用电源（内部发电机）测试报告
	（6）备用电源（蓄电池设备）测试报告
10	根据节能合格评定中采用的计算方法，请使用以下表格之一
	节能标准施工监理报告（建筑范本法）
	节能标准施工监理报告（标准输入法）

（4）第三方检测和认证

在施工过程中，所有建筑材料必须通过第三方检测和认证机构的检测，确保其防火性能符合标准。日本有多家权威的第三方检测机构，如日本防火研究中心、日本建筑中心及日本防火评估研究所（JFRI）。这些机构提供独立的检测服务，评估建筑材料的防火性能，并出具详细的检测报告。这些报告是施工验收时的重要参考，确保建筑材料在实际使用中的防火性能符合标准。

3.4.3.4 监管流程

在施工阶段，地方政府建设官员及指定机构通过多种严格的监管手段，确保建筑项目在施工过程中符合防火及其他安全标准。这些手段包括：施工中期检查，核实施工过程是否严格按照批准的设计方案进行；竣工验收检查，确保竣工后的建筑物具备必要的防火性能和安全措施；对检查人员进行登记和管理，确保其具备专业知识和技能，从而维护检查工作的专业性和公正性。通过这些系统化的监管措施，地方政府建设官员及指定机构能够有效保障建筑物的安全性和防火性能。

3.4.3.5 消防审验技术服务

建筑技术法规的制修订依靠专门研究机构的大量研究成果，不断输入与时俱进的性能条款和可选择方案，从技术层面保证建筑技术法规的实际可操作性。

为更好地落实建筑技术法规，除执行行政管理制度外，技术措施也十分重要。如结构计算审查和性能方案评估，不仅能保证建筑的结构安全，抵御各种灾害的侵袭，同时能够利用国内外的新技术、新材料、新产品、新工艺来提高建筑的各项性能。建筑性能化规范和验证方法如图3-16所示。

（1）结构计算审查

BSL规定了建设许可审批阶段的建筑结构计算审查制度。高度超过13m或屋檐高度超过9m的木结构或钢结构建筑，以及高度超过20m的钢筋混凝土结构建筑，必须经建设官员或指定的结构计算审查机构审查，而高度超过60m的建筑需要部长批准。

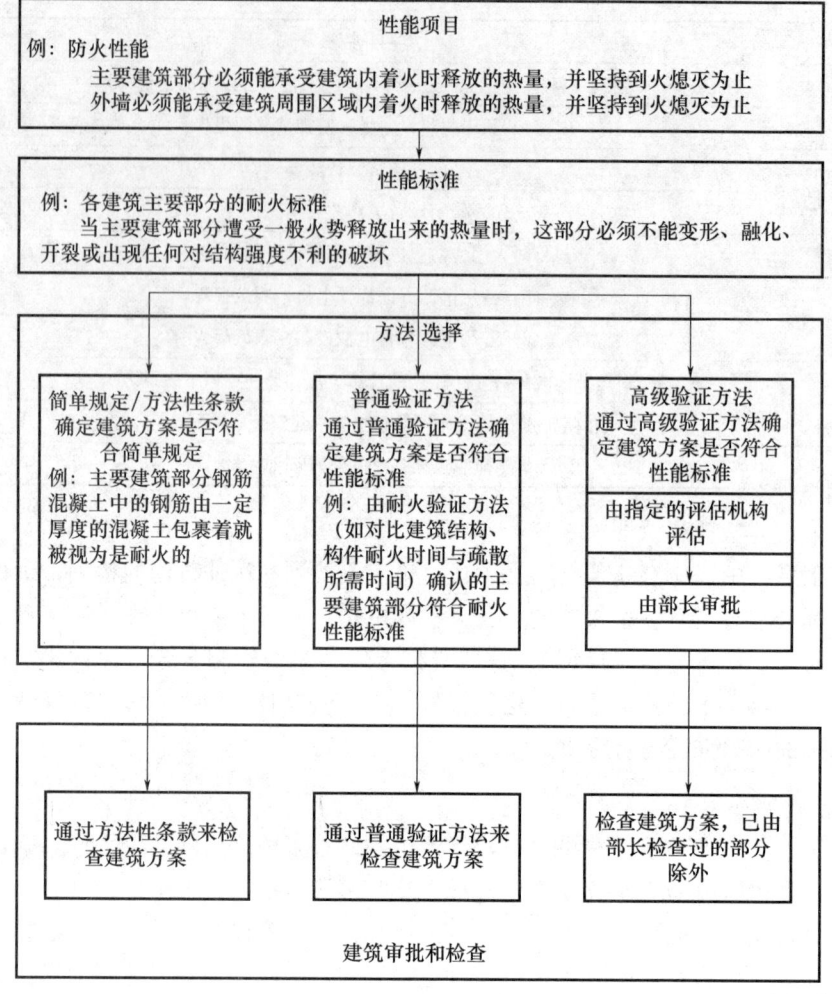

图 3-16　建筑性能化规范和验证方法

（2）性能化设计方案评估

BSL 于 2000 年正式引入建筑的性能化规范，建筑方案既可以采用方法性条款，也可以采用性能化条款。

（3）型式认可和专项产品制造商认证

日本在把性能要求加入建筑技术法规的同时，引入了型式认可和专项产品制造商认证制度，以减少申请者的负担、提高审查过程的可行性。型式认可和专项产品制造商认证如图 3-17 所示。

3.4.3.6　罚则

（1）违规行为处理

一旦确认建筑有违规问题存在，指定的管理机构有权依法叫停施工、拆除/迁移/重建，或禁止/限制使用建筑等。

存在过失致人伤害或死亡时依据《刑法》进行处罚。

3 国外建筑材料防火性能监管现状

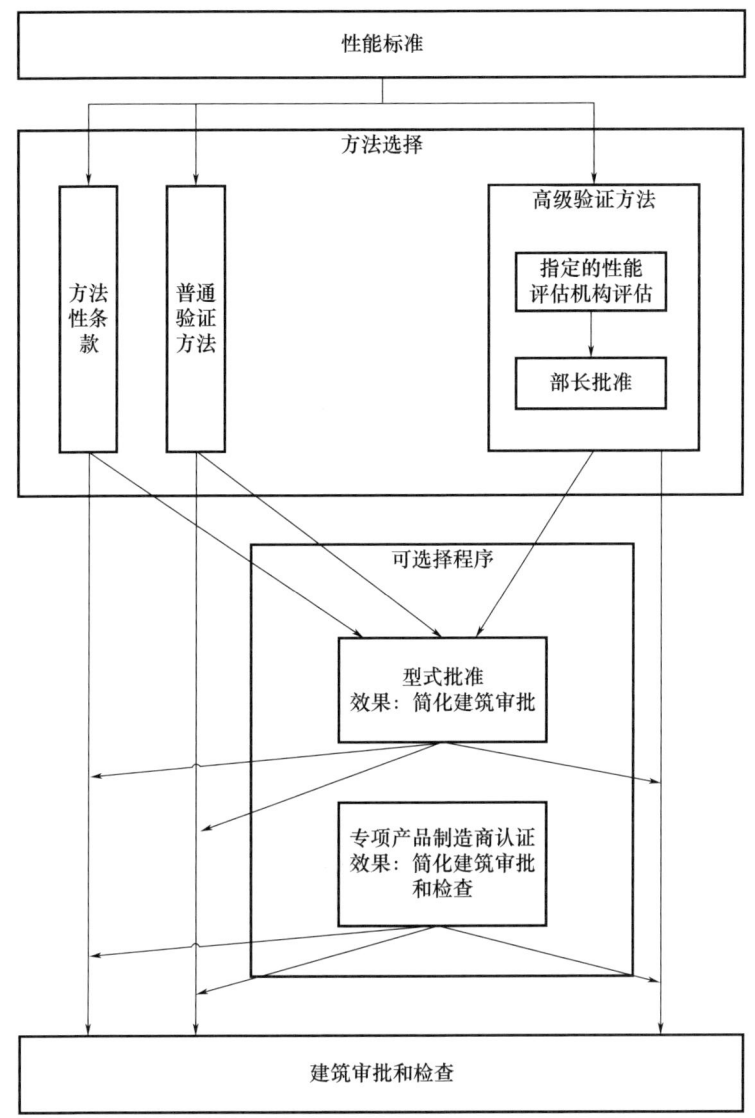

图 3-17 型式认可和专项产品制造商认证

《刑法》第 209 条规定，因过失造成他人伤害的，处以 30 万日元以下的罚款或者罚金。第 210 条规定，因过失造成他人死亡的，处以 50 万日元以下的罚款。第 211 条规定，因工作中未采取必要的预防措施而造成他人死亡或受伤的，处以劳役、5 年以下有期徒刑或 100 万日元以下罚金；因重大过失造成他人死亡或受伤的，亦同。

如果使用假冒伪劣产品导致人员伤亡，行为人可能会被追究过失致人死伤罪。

(2) 销售假冒伪劣产品违反《商标法》

商标是用于识别或区分自己的产品与其他公司产品的指示或标志。如果未经许可使用品牌标志销售假冒品牌的产品，或者模仿真品制造类似产品，将被指控违反《商标法》。违反《商标法》的处罚详细情况见表 3-4。

表 3-4　违反《商标法》处罚概要

项目	个人	公司	筹备行为
监禁	10年	—	5年
罚金	1000万日元	3亿日元	500万日元
是否并罚	可能	—	可能

如果个人侵犯商标权，处罚为"10年以下有期徒刑、1000万日元以下罚金，或两者并罚"（商标法第七十八条）。

如果公司代表或雇员以公司名义进口或销售假冒产品，除上述处罚外，企业还受到"3亿日元以下罚款"的处罚（商标法第八十二条第一款第一项）。

（3）存在欺诈行为的可能性

若以假冒名牌产品或者疑似假冒产品冒充正品销售，且购买者因此误以为是名牌产品而购买的，则可能触犯刑法第二百四十六条第一款规定的诈骗罪。一旦构成欺诈，最高可面临10年监禁的处罚。因此，除非缓刑，否则犯罪者将被送进监狱。请注意，实际上大多数此类案件最终都会导致监禁。

欺诈成立的条件是满足以下所有三个条件：

① 欺骗；

② 对方确实因欺骗行为而产生误解；

③ 财产等已转移。

如果将假冒品牌产品冒充正品（一种欺骗行为），而对方信任并付费购买了该品牌产品，则构成欺诈罪。但如果对方明知这个价格过低不可能买到这个牌子的正品，仍选择购买，那么就不构成诈骗罪。这是因为"对方实际上并没有被欺骗的行为所欺骗"。

3.4.4　建筑材料使用阶段防火性能监管

3.4.4.1　监管主体

建筑材料防火性能的监管涉及多个政府机构和组织的协同合作。国土交通省负责制定和执行全国范围内的建筑法规，包括详细的建筑防火规范，并监督建筑材料的生产和使用，确保其符合国家标准。消防厅则肩负起全国消防安全管理的重任，制定和监督执行消防安全标准与规范，确保建筑物的防火措施和设备到位。除此之外，地方政府和市政当局在地方层面上执行建筑监管，进行建筑物的防火检查和验收，以确保其符合地方消防安全标准。

3.4.4.2　责任主体

对于建筑材料使用阶段的防火性能，责任主体主要包括建筑材料制造商、建筑设计和施工公司、建筑物所有者和管理者以及第三方检测和认证机构。建筑材料制造商负责生产符合防火性能要求的建筑材料，必须通过第三方认证机构的检测和认证，确保产品符合国家和地方标准。建筑设计和施工公司在设计和施工过程中须选择符合防火性能要求的建筑材料，并确保所有安装和施工过程都符合相关的防火规范和标准。建筑物所有者和管理者需负责维护建筑物的防火性能，定期进行检查和维护，确保建筑物在使用阶段持续符合防火标准。第三方检测和认证机构则负责对建筑材料进行防火性能检测和认证，提供独立的检测报告和认证证书，供监管机构和使用方参考。

3.4.4.3 监管方式

日本对建筑材料使用阶段防火性能的监管方式多样且严格，用以确保建筑物的防火安全符合高标准。首先，预防性监管，通过制定严格的法律法规和标准来规范建筑材料的生产和使用。国土交通省和消防厅制定了详尽的防火标准和规范，要求所有建筑材料必须通过认证并符合规定。其次，定期检查与审查（点检）制度，地方政府和市政当局定期对建筑物进行防火检查，确保使用的建筑材料和防火设施在整个使用周期内都保持良好状态。随机抽查和现场检查制度，监管机构可以随时进行抽查，确保企业在实际操作中严格遵守防火规定。此外，第三方检测和认证机制通过独立的专业机构对建筑材料进行防火性能测试和认证，提供可信的检测报告和证书。最后，通过信息公开和公众监督，促进透明度，鼓励公众和媒体参与监督，及时举报和曝光违规行为。这些多层次、多渠道的监管方式共同构成了一个全面、有效的建筑防火监管体系。

3.4.4.4 监管流程

以定期检查与审查（点检）制度为例，日本针对防火对象物的管理和消防安全状况实行定期点检报告制度。防火对象物点检报告制度是指具有总务省令确定资格的人员（"防火对象物点检资格者"）对该防火对象物的防火管理方面的必要业务，消防设备、消防用水或灭火活动方面必要设施的设置及维护，以及其他火灾预防方面的必要事项（"检查对象事项"），检查其是否符合有关该法律或依据该法律之命令规定的事项、总务省所确定的标准（"检查标准"），且必须将检查结果报告给消防长或消防署。

（1）基本流程

基本流程是一定的防火对象物的管理权所有者，委托防火对象物点检资格者对防火对象物实施每年一次的点检。当点检结果符合防火对象物标准规定时，可以张贴点检合格的标识，并将点检结果以"防火对象物点检结果报告书"的形式，向消防长或消防署长报告。

（2）特例认定

在有义务被进行定期点检报告的防火对象物中，对于持续一定时间以上一直遵守消防法规的，根据管理权所有者的申请，经消防长或消防署长批准合格的检查结果，被确认为是遵守消防法规要求的状况优良的场合，可以免除防火对象物定期点检及报告的义务。

（3）张贴防火安全标识

防火对象物点检资格者确认防火对象物符合点检标准时，可张贴"防火标准点检合格证"；当获得消防机关的特例认定时，可张贴"防火优良认定证"。但是，对于多管理权所有者的防火对象物，必须是防火对象物的所有部分点检结果均符合标准，或者防火对象物的所有部分均获得了特例认定，方可张贴标识。

3.4.4.5 罚则

日本对于建筑材料防火性能不达标的处罚措施严格，以确保建筑物的安全性和防火标准的执行。具体的处罚措施包括以下几个方面：

（1）行政处罚

罚款：根据《建筑基准法》，如果发现建筑材料不符合防火标准或建筑物未按照规定进行防火措施，相关责任主体可被处以最高 100 万日元的罚款。具体金额会根据违法行为的严重程度和实际危害程度确定。

整改命令：监管机构有权责令违规企业或个人立即采取纠正措施，限期改正违规行为。如果整改不到位，可能会面临更严厉的后续处罚，甚至停止其施工或营业活动。

（2）暂停或吊销执照

对于严重违反防火规定的建筑材料制造商，国土交通省或地方政府可以暂停或吊销其营业执照，禁止其继续生产或销售不合格的防火材料。

建筑设计和施工公司如果违反防火规定，可能会被吊销施工许可，并禁止参与新的建筑工程项目。此外，涉及违规的个人工程师或技术人员也可能会被暂停或吊销执业资格。

（3）刑事责任

根据《刑法》和《消防法》，如果违规行为导致严重后果，如人员伤亡或重大财产损失，相关责任人可能会被追究刑事责任，面临最长 5 年的监禁和最高 100 万日元的罚款。

此外，故意篡改检测结果、伪造认证文件等行为将被视为严重违法行为，相关责任人可能会被判处最长 3 年的监禁和最高 300 万日元的罚款。

（4）社会信用影响

被处罚的企业和个人将被记录在案，纳入公共信用记录系统，对其社会信用产生负面影响。这可能导致其在未来的业务和社会活动中面临更多限制和审查，包括在金融借贷、市场准入和公共采购等方面受到限制。

3.4.4.6　补偿详情

火灾保险大致分为综合保障房屋周边各种风险的类型（住房综合保险）和基本赔偿类型（住宅火灾保险）。

（1）火灾造成的房屋损坏，住房综合保险和住宅火灾保险都有补偿。

（2）雷击造成的房屋损坏，住房综合保险和住宅火灾保险都有补偿。

（3）破裂和爆炸（例如瓦斯爆炸）造成的房屋损坏，住房综合保险和住宅火灾保险都有补偿。

（4）风灾、冰雹灾害、火灾造成的房屋损坏，住房综合保险和住宅火灾保险都会补偿，但都可能需要自己支付一些费用。

（5）水灾造成的房屋损坏，住房综合保险可能需要自己支付一些费用；住宅火灾保险不补偿。

（6）飞行、坠落、汽车飞入车辆等造成的碰撞导致的房屋损坏，住房综合保险补偿；住宅火灾保险不补偿。

（7）给排水等事故造成的房屋损坏，住房综合保险补偿；住宅火灾保险不补偿。

（8）因骚乱等造成的攻击、破坏导致的房屋损坏，住房综合保险补偿；住宅火灾保险不补偿。

（9）盗窃导致的房屋损坏，住房综合保险补偿；住宅火灾保险不补偿。

3.5 新加坡

3.5.1 建筑材料及全生命周期定义

3.5.1.1 建筑物定义

根据 1989 年《建筑控制法》，"建筑物"的定义包括任何永久性或临时性建筑物或结构，并包括以下内容：

（a）棚屋、棚子或有顶的围栏；

（b）土地保留或稳定结构，无论是永久性的还是临时性的；

（c）码头或栈桥；浮动结构，不是船或船只，建造或将建造在浮动系统上，该系统包括：

（i）由水支撑或将由水支撑；

（ii）不打算用于或无法用于航行；

（iii）将被永久停泊；

（d）涵洞、过境、桥梁、地下通道或隧道；

（e）污水处理厂、下水道、排水沟、游泳池或任何非专有类型的混凝土罐，用于存储任何固体、液体或气体产品；

（f）根据 1997 年《民防避难所法》提供的避难所；

（g）部长可通过在宪报上发布命令宣布为建筑物的其他任何建造或结构（无论是永久性的还是临时性的）。

3.5.1.2 建筑材料定义

根据 2011 年建设局（进口商许可）条例，基本建筑材料的质量要经过以下测试，并满足相应标准，基本建筑材料的酸溶性含量、氯化物含量和碱二氧化硅反应性的测试、分析或检查见表 3-5。

表 3-5 基本建筑材料质量检查及标准

描述	测试方法	标准
1. 碱二氧化硅反应性（ASR） （a）岩相检验法 （b）砂浆棒法	ASTM C295 标准 ASTM C1260 标准	ASTM C33 标准 ASTM C33 标准
2. 氯化物含量	EN1744 第 7 条	SS EN 12620 标准
3. 硫酸盐含量	EN1744 第 12 条	SS EN 12620 标准

根据 2003 年《建筑控制法规》相关规定，未经建筑管制署署长许可，任何人不得在任何建筑工程中使用或促使他人使用以下建筑材料：

（1）高铝水泥；

（2）混凝土工程中可能发生碱-碳酸盐反应或碱-二氧化硅反应的骨料，包括所有其他火山岩或火山岩的骨料；

（3）含有氯化钙的外加剂。

3.5.1.3 建筑工程定义

根据2004年《建筑业支付安全法》，"建筑工程"指：

（1）构建、改建、修理、修复、维护、扩展、拆除或拆卸形成或将形成土地的建筑物或结构（无论是否是永久性的）；

（2）构建、改建、修理、修复、维护、扩展、拆除或拆卸形成或将形成土地的任何工程，包括墙壁、道路工程、电力线路、电信设备、飞机跑道、船坞和港口、铁路、内陆水道、管道、水库、水管、井、下水道，用于土地排水、海岸保护或防御的工业设备和设施；

（3）安装在任何建筑物、结构或工程中的构件，包括供暖、照明、空调、通风、电力供应、排水、卫生、供水或消防系统，以及安全或通信系统；

（4）构成上述（1）、（2）或（3）项工程的一部分、为其做准备或使其完工的任何操作，包括但不限于：

① 土地回填；

② 场地清理、土方工程、挖掘、隧道和钻孔；

③ 打桩；

④ 脚手架的搭建、维护或拆卸；

⑤ 在建筑工地内或构件的预制；

⑥ 场地恢复、景观美化及提供道路和其他通行工程；

⑦ 在建筑物、结构或工程的建设、改建、修理、修复、维护或扩展过程中进行的建筑物的外部或内部清洁；

⑧ 对任何建筑物、结构或工程的外部或内部表面进行涂漆或装饰。

3.5.2 新加坡建筑工程质量监管现状

3.5.2.1 建筑工程安全管理体系

3.5.2.1.1 建筑工程安全管理架构

新加坡建筑工程安全管理的主要法律是2006年出台的《工作场所安全与健康法》。该法对安全管理中各主体的职责和权利、安全事故调查、处罚和诉讼等内容做出了具体规定。

相较之前的《工厂法》《工作场所安全与健康法》，从强制遵循国家指令转向各参建主体的自我监管，并对安全问题及事故处以更高的惩罚。新加坡建筑工程安全管理的主要部门是人力部，负责拟定相关法律法规并监督执行，组织安全宣传和教育，开展工伤调查和处理。工作场所安全与健康理事会、工作场所安全与健康劳资政（劳方、资方和政府方）工作委员会针对如何提升雇主与雇员安全意识以及开展安全培训等，为相关决策提供建议和参考，如图3-18所示。有关建筑行业的安全标准是由国家发展部的下属单位建设局负责制定。此外,同为国家发展部下属单位的住房与发展委员会负责规划新加坡房地产业,在承担大量房屋建设任务过程中为规范行业安全管理发挥了带头作用。

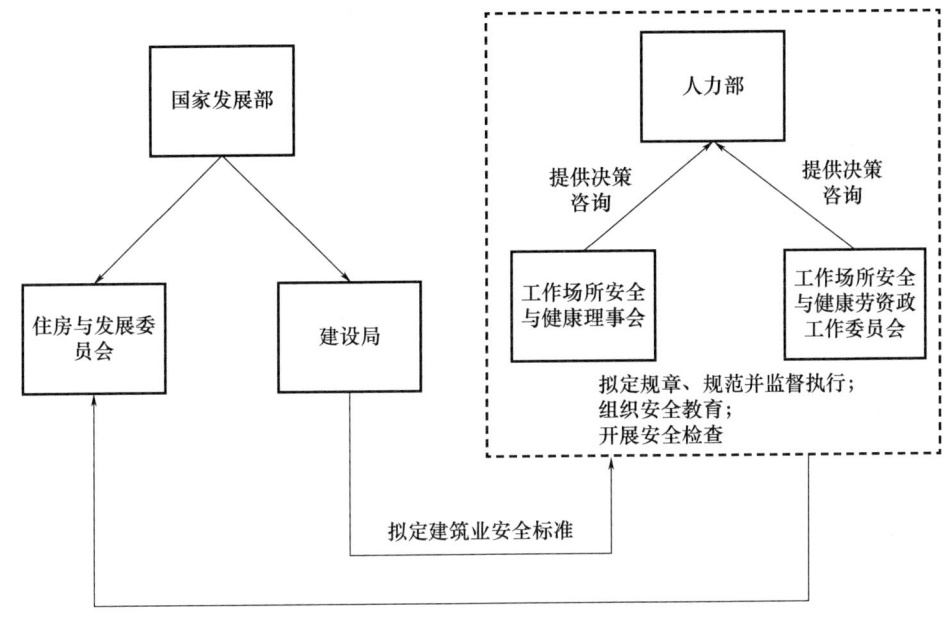

图 3-18 新加坡关于建筑工程安全管理的政府组织架构

3.5.2.1.2 建筑工程安全管理特点

① 具备较全面的企业自我监管机制。新加坡要求每个施工现场必须组建由雇主和雇员代表组成的工作场所安全与健康委员会,依法制定适合于自己项目的安全标准,配备安全与健康协调员、评估员和审计员。除企业内部,新加坡的自我监管体系的完善还体现在,一是要求 3000 万新元以上的项目需聘请外部审计员,每半年对安全管理体系进行一次全面检查;二是拥有比较活跃的咨询市场,聘用安全咨询公司辅助企业进行安全管理的现象相当普遍。

② 新加坡的安全事故处罚制度较严苛。新加坡的处罚不仅针对法人机构,还包括引发安全事故的责任人,而且处罚的金额较高。

3.5.2.2 建筑工程设计阶段

新加坡《建筑管理法》规定,工程项目在开工前必须取得政府主管部门颁发的施工许可证。施工许可的受理是由 BCA 具体负责。施工许可证的申请由业主、承包商以及业主或承包商委任的进行工程项目监督的资质人员三方共同申请。取得施工许可必须具备三个条件:工程项目已获得 URA 的书面批准、设计图纸已获得 BCA 的批准以及已任命获得 BCA 批准的现场监督员。

3.5.2.2.1 责任主体

新加坡建筑工程项目由业主委托的资质人员(Qualified Person,QP)负责设计,并且在设计开始前,必须获得市区重建局(Urban Redevelopment Authority,URA)颁发的书面设计许可(Written Permission)。

承包商开工前现场准备工作：

（1）申请临时土地使用执照（TOL）。当现场临时办公平面布置确定后，向政府相关部门（HDB/BCA/Town Council）申请临时土地使用执照。只有获取该执照后，才可以申请水、电、通信设备等接入现场临时办公室。

（2）对场地周边、现场实际情况进行影像记录。施工前，必须请专业测量公司进行周边情况的测量、记录，包括工地周边情况和周边建筑物的情况；此外，对现场进行影像记录，并在月报中提交给业主、咨询公司等相关方，作为现场原始情况的记录。

（3）补充地质勘测（如需要）。当咨询公司发现现场土质情况异常时，通常会要求承包商进行地质补充勘探以确定现场土质情况。

（4）搭建临时围挡。承包商必须在施工场地周边搭设临时围挡，临时围挡方案需报建设局正式批准。

（5）道路使用申请。涉及道路开通、进出入口设置、洗车池及影响现有交通状况的情况，须提交陆路交通管理局（LTA）批准。

（6）安装项目信息牌。人力部（MOM）要求安装项目信息牌，包括工程名称、业主名称、承包商名称、咨询公司名称、工期等内容，人力部有时也会要求设置项目安全信息牌、现场平面图。

（7）提交防土壤侵蚀控制措施（ECM）专项方案。以防止施工土质流失，污水排放不达标，严防对环境造成影响。开工前，应提交关于环境控制措施、植被保护措施、土方勘测以及土质流失的专项报告，经环境部下属的公用事业局审批。开工后也应定期提交有关文件，以便公用事业局监控。

（8）现有树木情况清点。新加坡非常重视树木保护，严禁未经批准的砍伐作业。工程开工前，要将现场的树木情况信息和计划施工情况提交给咨询公司，由咨询公司报国家公园局批准。只有获得批准后，才能按国家公园局的要求，进行树木的砍伐或移植。

（9）设置施工噪声监控系统。施工现场周边必须设置施工噪声监控系统，确保施工现场噪声在规定的控制标准之下，防止造成噪声污染。

（10）探测地下隐蔽管线。开挖前必须取得该区域的原始存档地下管线图，并由专业探测人员对施工场地地下电缆光线、机电设施等进行探测；新加坡对因施工破坏现场管线的处罚十分严厉，处罚金额达 50 万~100 万新加坡元。

（11）临时挡土结构（TERS）报审。开挖前承包商须委托政府注册专业工程师（PE）进行开挖方案设计，并由其提交给建设局批准，现场方才可以动工。

3.5.2.2.2 监管主体

BCA 对于设计图纸的审查并非正确性审查，而是符合性审查。当设计图纸完全符合技术部门提出的设计建议和澄清以及 BCA 的要求时，设计图纸将通过审查；如果图纸未达到技术部门澄清的要求，但符合 BCA 的要求时，设计图纸是有条件的审核通过，BCA 要求未完成的技术澄清必须在申请临时占用许可/永久占用许可之前或同时完成。

大型工程项目的设计或者涉及地下工程的设计必须由一名独立的特许审核员或专业特许审核员签字认可，并报送 BCA。如果该设计完全符合建筑工程的结构设计要求，并且具有委任资质人员准备设计图纸的授权书，BCA 对建筑设计可不做审查，只是对结构设计进行随机审查。

3.5.2.2.3 检验检测机构

设计完成后，QP还需要先将设计图纸交给防火安全与住宅部（Fire Safety and Shelter Department，FSSD）、中央建筑计划部（Central Building Plan Unit，CBPU）、公共事务局（Public Utilities Board，PUB）和能源市场局（Energy Market Authority，EMA）污染控制部，陆路交通局下属的道路交通部门、机动车停放部门以及铁路部门，国家公园委员会，教育部，纪念物保护委员会等相关部门审核。目的是寻求技术建议或进行消防安全、污染控制、环境健康、水、电、气、道路设置等方面的技术澄清，而后才可向建设局（Building and Construction Authority，BCA）提出技术审查申请。提交申请时应附有URA批准的现场计划。设计审查流程如图3-19所示。

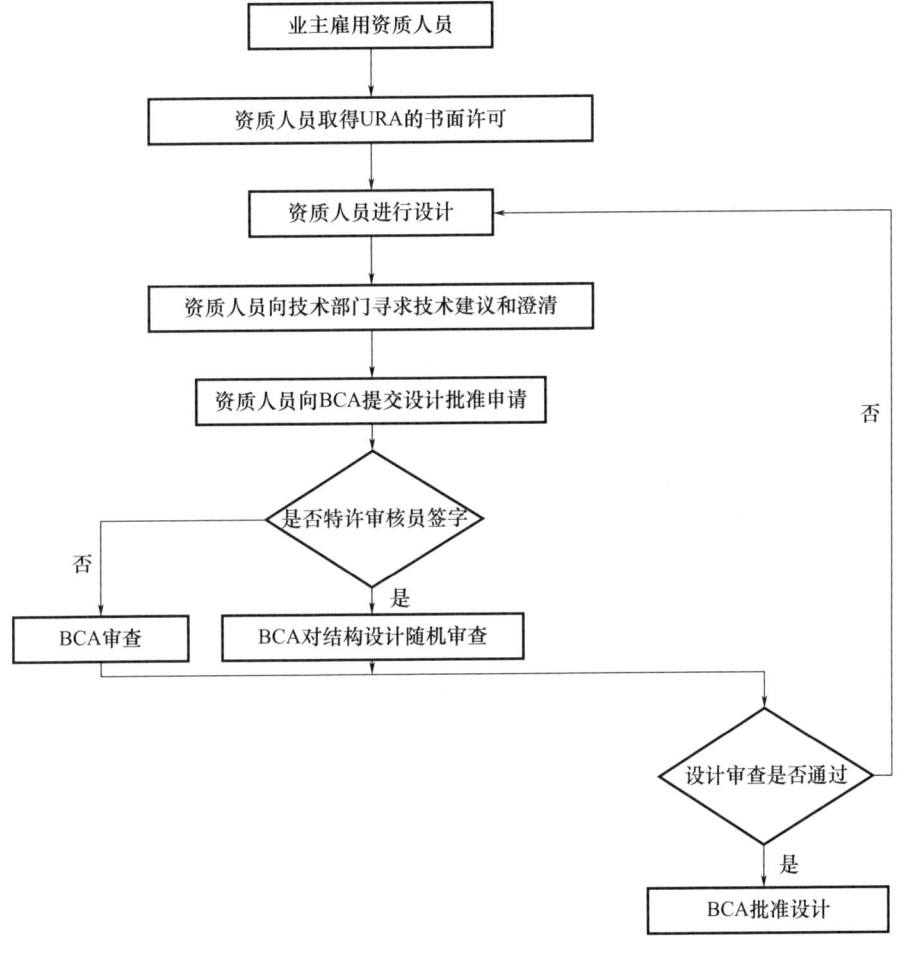

图 3-19 设计审查流程

3.5.2.3 建筑工程施工阶段

3.5.2.3.1 监管主体

建筑工程施工中，政府一般不对施工现场进行检查，主要依靠注册现场监理师

(Registered Site Supervisor，RSS)检查，负责详细完整地记录施工进度计划、质量检查、试验结果等，并对关键结构工程实行旁站监理。

3.5.2.3.2 检验检测机构

所有建筑工程项目正式开工前均需要通过相关政府部门审批，主要包括URA的规划许可证、BCA的施工许可证、国家公园局（National Parks Board，NPB）关于移除/种植植物的许可以及环境和水资源部（Environment and Water Resources，EWR）、国家环境部（National Environment Agency，NEA）、CBPU和PUB共同关于临时给排水的许可。

其中，施工许可证申请必须满足三个条件：项目已获得URA的书面批准、设计图纸已获得BCA的批准、业主已任命获得BCA批准的RSS。

3.5.2.4 建筑工程竣工验收阶段

3.5.2.4.1 责任主体

在检查验收过程中，由业主委托QP将总包、分包、供应商等的设计资料、质量资料和验收资料提交至上述相关政府部门，由政府质量监督管理部门依据有关法规检查执行情况，BCA核实审查结果即可。

3.5.2.4.2 检验检测机构

新加坡建筑工程项目竣工验收由政府部门、开发商聘请的顾问团队与合约要求的总承包管理团队共同监督执行。

新加坡政府对工程项目的检查主要由以下四个部门负责：

（1）新加坡水务局/新加坡公共事务局。现隶属于环保部，负责水、电和煤气的供应和管理，主要负责对施工项目的上给水施工进行检查验收。

（2）国家环境局。主要负责施工项目的污水处理、排水系统的检查验收和对施工项目噪声控制的检查。

（3）新加坡消防安全与防空署（FSSD）。主要负责对现场防火措施和设计的检查和验收。该检查是通过授权给私人公司完成的，FSSD注册人员（RI）首先进行施工项目防火安全检查，并对检查结果负责。RI检查通过后，FSSD会进行现场验收。

（4）新加坡BCA。当以上3个部门验收通过后，BCA对施工项目进行最终检查，BCA侧重于无障碍设施、建筑安全措施的统一检查，检查合格后核发临时使用许可证书（TOP）或者是法定完工证书（CSC）。

3.5.2.5 建筑工程使用阶段

3.5.2.5.1 监管主体

除对施工许可的规定外，新加坡政府还要求任何建筑在取得正式使用许可（Certificate of Statutory Completion，CSC）或临时占用许可（Temporary Occupation Permit，TOP）之前均不得投入使用，使用许可的管理由新加坡建设局负责。TOP只能看作工程项目达到使用要求但未被证明其完全符合法律法规的要求，工程项目若要合法使用还需获得BCA颁发的CSC。CSC或TOP的申请必须通过新加坡国家发展部（Ministry of Development，MND）的CORENER电子提交系统进行。具体申请流程如图3-20所示。

3 国外建筑材料防火性能监管现状

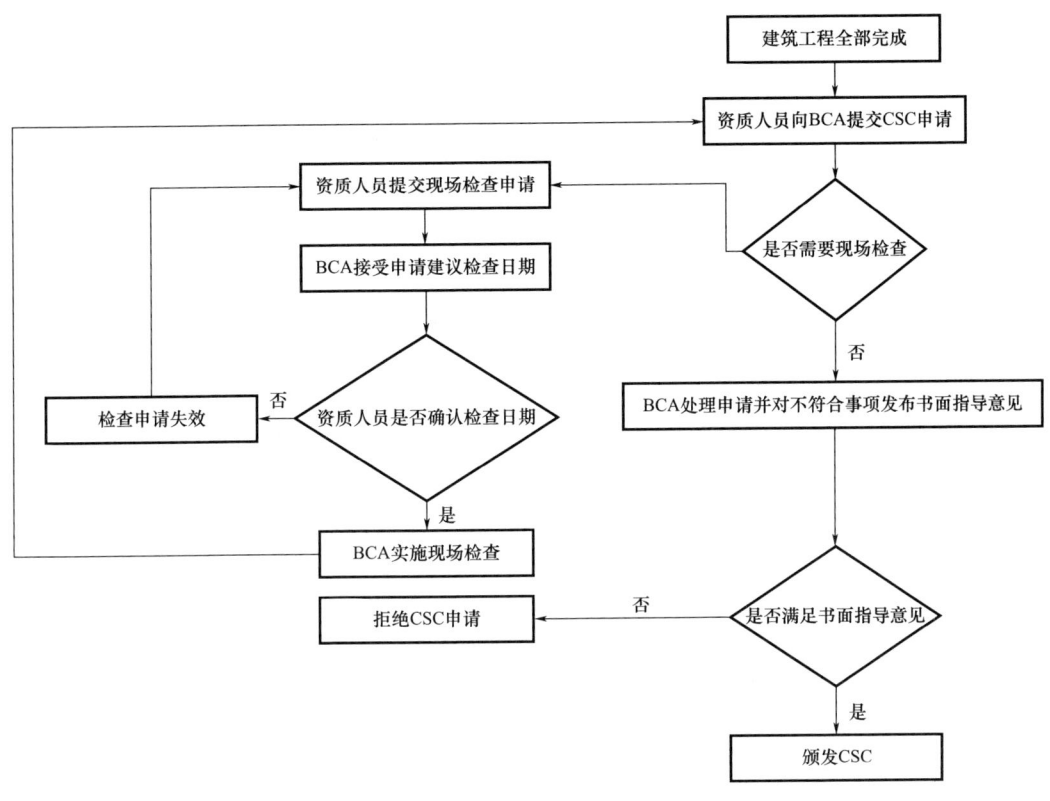

图 3-20 申请 CSC 流程

3.5.2.5.2 责任主体

BCA 向业主发出使用检查通知，由业主雇佣的结构专业工程师 PE 进行相关观感检查。业主应依据 PE 提交给 BCA 的全面结构检测报告中的建议进行修补。

新加坡《建筑管理法》规定，任何建筑在取得正式使用许可或临时使用许可之前均不得投入使用，使用许可的管理由 BCA 负责。建筑物在投入正式使用后，BCA 仍然要定期进行检查。

3.5.2.5.3 检验检测机构

由注册的结构专业工程师（Professional Engineer，PE）执行具体检查工作。《建筑管理法》规定，住宅项目每十年检查一次，非住宅项目每五年检查一次，以确保其能安全使用。向 BCA 提交观感检查报告，并提出是否进行结构检查的建议，再由 BCA 针对此建议，就是否进行全面的结构检查做出判定。如需进行，则由该结构 PE 或业主指定更换的其他结构 PE 继续检查，并提交全面结构检测报告。

3.5.2.6 建筑工程质量评价体系

3.5.2.6.1 CONQUAS 体系

新加坡采取了政府直接参与的质量监管模式，为规范对建筑工程项目质量的评估，BCA 于 1989 年制定了一套定量的建筑工程质量评价系统（Construction Quality Assessment System，CONQUAS）。作为新加坡建筑质量评价的国家标准，CONQUAS 体系被定期审核并不断完善,以适应建筑工艺、技术、施工方案和方法的变化与发展,保证评价的时效性与可靠性。现行的 CONQUAS 体系为 2022 年公布的版本,见表 3-6。

表 3-6　CONQUAS 体系的评价内容

评价体系	评价内容		
CONQUAS 体系	结构工程	建筑工程	加分项
		机电工程	减分项

在评估项目上,新加坡的 CONOUAS 体系在计算工程项目的得分时,还会根据保修期内用户的反馈和相关加减分标准对评价结果进行调整。在评估阶段,新加坡从工程施工开始一直到保修期为止需要对建筑工程进行全过程的质量评价。其中新加坡的 CONQUAS 体系根据不同分项工程的特点,对结构工程采取施工全过程评估,装饰装修工程和机电工程采取竣工验收合格后评估的方式。

就评分方式而言,新加坡针对每个阶段设置了全面详细的评价条目,当一个评估项目不符合相应标准时,它就会被认为是失败的,并且在评估表单中会记录一个"×"。同样地,"√"表明该项目是符合标准的,"空白"表明该项目不适用,最终得分是按照"√"的数量的占比,即符合标准的评估条目的数量占评估条目总数的比重来确定。因此,新加坡打分方式离散程度大,结果以分值公布,更加客观,如图 3-21 所示。

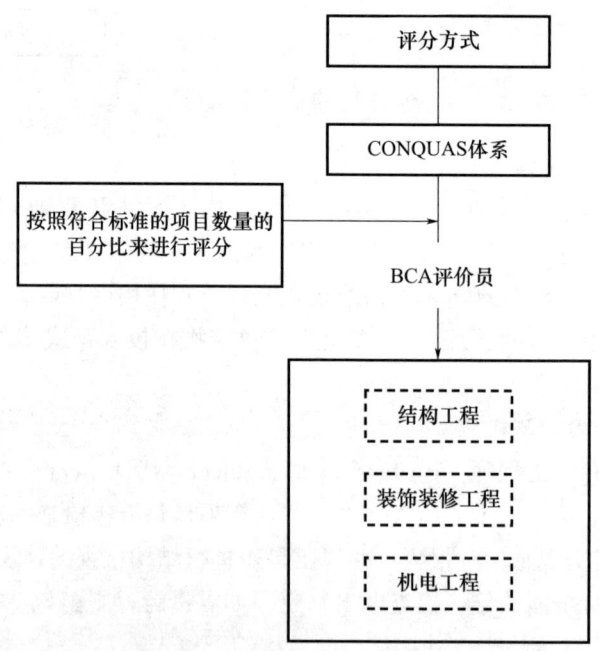

图 3-21　CONQUAS 体系的评分方式

在评估人员组成方面,新加坡的评估成员完全由政府决定,评估人必须接受严格的培训计划,需参加 BCA 的内部控制培训和校准项目并且获得相应资质。

每个评价项目可分成若干个不同的评估细项,通过对各项目的操作工艺、材料及设施的使用情况等方面来进行加权综合量化,汇总计算出该工程项目的 CONQUAS 分数

(百分制),见表3-7。从划分权重可以看出,在各类型的建筑中,由于装饰装修部分的质量和标准是最能直观体现出来的,因此这部分的权重均占较大比例。由此可知,CONQUAS体系更注重用户的使用体验,更强调产品的使用品质和建筑产品的功能化体现。

表3-7 CONQUAS体系各评价部分权重

需评估的组成部分	开发类别权重(%)		
	私人住宅	公共住宅	非私人住宅
1. 内部饰面	60	55	50
2. 安装方法验证和功能测试	20	25	30
3. 外部饰面	20	20	20
小计(CONQUAS体系评分)	100	100	100

评分时,评价人员根据施工图纸确定抽样,样本尽可能均匀地分布于建筑各施工阶段。CONQUAS体系评分以第一次检查结果为准,对于首次现场检查的结果不予修改,目的是为鼓励承包商"一次到位"地达到CONQUAS体系标准要求。结构工程部分重点检查钢筋和混凝土方面的质量,装饰装修工程主要进行内部构件(楼板、内墙、门、窗、天棚等)、外墙、设计、材料、功能等方面的检查,机电工程包括电、空调、通风、防火、水暖、卫浴等方面的检查。在评价体系应用范围方面,新加坡对公共工程强制要求执行质量评价体系。在评价结果应用方面,新加坡的CONQUAS体系结合了相应的奖励与惩罚机制,见表3-8。

表3-8 CONQUAS体系应用方式

评价体系	应用范围	奖惩项	奖惩内容
CONQUAS体系	公共工程(强制)私人工程(非强制)	建设工程质量奖励计划(BSCQ)	CONQUAS体系得分每超过基准分1分,承包商可获得工程实际造价0.2%的奖励,最高可至3%或200万新元;反之按同样标准进行惩罚
		公共工程承建商资质管理办法	1. 连续5个工程获得罚分,在投标时建设主管部门将按0.2%投标价/罚分调整其投标价,不超过200万新元。2. 连续5个工程累计获得≥5分罚分,公共工程的资质等级将降低一个级别(1年内)。3. 连续5个工程累计获得10个以上罚分,取消公共工程投标的资格

3.5.2.6.2 质量标志体系(Quality Mark)

为鼓励开发商提供高质量的房屋,BCA针对住宅项目推出了自愿性的质量标志方案(Quality Mark Scheme)。根据标准要求,BCA会对所有新建住宅项目进行评估,达到规定质量标准的公寓单元将予以颁发BCA质量标志。Quality Mark质量评估是对CONQUAS体系中装饰装修工程部分的深度细化,包含楼地面、内墙、天棚、门、窗、其他和机电配件七大项，每大项内包含若干评价细项，具体权重划分分别为22%、10%、6%、20%、10%、22%和10%。Quality Mark 可对住宅项目每套独立单位进行检测，涉及所有室内单元（卧室、浴室、厨房、起居室、室内花园等），而其所用的装饰材料和设计审美喜好则不包含在评估范围内。

与之配套的，BCA 制定了质量分数分层评级系统（Quality Mark Tiered Rating System，QM），以此表彰达到卓越质量的开发商与建设单位。QM 将优于80分（现行最低质量标准要求）的建筑工程项目根据所得分值继续划分为三类：优（Merit，80~83分）、极优（Excellent，83~85分）与明星项目（Star，85分以上）。这样有助于区分 QM 超过80分的开发商与建设单位。如果评级后 BCA 收到主要工艺的有效投诉，例如窗户/墙壁渗漏、门窗功能缺陷等，则 QM 可能会降级。建筑工程项目如要在住宅类评估中达标，则必须同时采用 Quality Mark 评分与 CONQUAS 体系评分。

3.5.2.7 建筑工程质量保证相关措施

3.5.2.7.1 承包商等级制度

BCA 通过制定承包商等级制度（Contractors Registration System，CRS）对政府公共工程项目的承包商进行分类分级管理。CRS 共有7个注册类别，分别为建筑工程类（Construction Workhead，CW）、建筑工程相关类（Construction-Related Workhead，CR）、机电安装类（Mechanical & Electrical Workhead，ME）、维护类（Maintenance Workhead，MW）、贸易类（Trade Head，TR）、供应类（Supply Head，SY）和管控类（Regulatory Workhead，RW）。

所有注册类别可进一步细化为若干大类，并且每一类根据注册资本、三年内业绩、QP 人数等项目可将承包商资质划分为若干等级。其中，CW 分为通用建筑（CW01）和土木工程（CW02）两大类；CR 分为 CR01~CR18 共18个大类，包含拆除、内装、管线、混凝土修复等建筑工程相关内容；ME 分为 ME01~ME15 共15个大类，包含空调、暖通、太阳能系统、安全系统、防火系统等机电安装相关内容；MW 分为家政清洁与清淤管理服务（MW02）、景观美化（MW03）以及虫害控制（MW04）三类；TR 分为 TR01~TR10 共10个大类，包含模板、钢筋混凝土、预制安装、吊顶等项目；SY 分为 SY01A~SY14 共14个大类，包含混凝土、电气设备、金属、木材等的供应项目；RW 分为窗（RW01）、电梯（RW02）和自动扶梯（RW03）三类。

3.5.2.7.2 建筑企业质量认证体系

BCA ISO 9000 认证方案（BCA ISO 9000 Certification Scheme），旨在将建筑工程质量标准纳入生产流程，为新加坡建筑行业提供一个高度专业与公正的工程质量认证服务，范围包括所有的顾问公司、工程项目管理公司、承包商及建材生产商。目前已有超过200家的设计、建设、地产、建材等相关企业取得了这一认证。BCA ISO 9000 认证流程通常包含以下3个阶段：

（1）预审计阶段：BCA 的审计师会根据 ISO 9000 标准对参与认证公司的质量体系及实施情况进行文件审查。预审后，BCA 会向该公司提供详细的审查报告，提供所有意见和调查结果，该公司可以从中获得指导，以改进或修改文件和流程。

（2）审核阶段：审计组对参与认证公司的质量体系进行深入评估，检查其是否符合

ISO 9000 标准，并寻找该质量体系得到有效执行的客观证据。审核通过后，该公司将被颁发 ISO 9000 认证证书，有效期为 3 年。

（3）监管审计阶段：颁发 ISO 9000 证书后，BCA 仍会对该公司进行每年一次的监督审核，以保证质量体系的持续进行。3 年有效期满后，需要对该公司进行重新审核，以更新 ISO 9000 认证。该认证方案规定，自 1999 年 7 月开始，所有取得 A1、A2、B1 和 B2 资质的承包企业，以及参与项目金额大于 3000 万新元的政府建筑工程的顾问公司，都必须取得 ISO 9000 认证证书。

此外，BCA 还颁布有 BCA ISO 14000 与 OHSAS 18000，分别在环境与安全方面进行相关认证。

3.5.2.7.3 CONQUAS 体系配套奖罚措施

为激励 CONQUAS 体系的推行，新加坡 BCA 制定了主要面向公共工程承建商的建设工程质量奖励方案（Bonus Scheme for Construction Quality，BSCQ）。BSCQ 规定，所有合同造价超过 500 万新元的公共项目和在合同里明确要求 CONQUAS 体系检测的私人项目必须进行 CONQUAS 体系质量体系评估，其余私人项目采取自愿评估方式。BSCQ 对于本地与外地承包商均适用，一旦在招标文件中标明，则无论投标价格如何，必须按照 BSCQ 规定执行。

BSCQ 以各类型建筑前 24 个月内的平均 CONQUAS 体系分值为依据，在此基础上，上浮或下调 3 分以内给出 BSCQ 的基准分（Bonus/Discount Threshold Scores）。一个建筑工程的 CONQUAS 体系得分每高于（或低于）BSCQ 基准分 1 分，承包商可以获得工程实际造价的 0.2% 作为奖励（或惩罚），奖惩的最高金额为有效合同金额的 3% 或 200 万新元，以低值为准。如果承包商累计得分低于 BSCQ 基准值 5 分，则会受到长达 12 个月的公司金融级别降级处罚。更有甚者，如果承包商累计低于 10 分，则将会被取消工程承包资格。政府通过此激励措施，引导开发商、承包商不断改进和提升工程质量水平。

3.5.2.7.4 政府鼓励措施

除 BSCQ 外，BCA 还设立了一系列年度奖项，以表彰在安全、质量、生产力、可持续性和用户友好度等方面具有卓越表现的建筑工程项目，包括建筑环境领先奖（Built Environment Leadership Award，BELA）、杰出工程奖（Construction Excellence Award，CEA）、建设生产力奖（Construction Productivity Award，CPA）、设计与工程安全卓越奖（Design and Engineering Safety Excellence Award，DESEA）、品质卓越奖（Quality Excellence Award，QEA）等。

其中，BELA 授予在新加坡建立安全、高质量、可持续、环境友好的优秀开发商、咨询企业以及建设单位；CEA 授予工程质量杰出的承包商；CPA 授予对提高行业生产力做出突出贡献的优秀企业和行业从业人员；DESEA 授予通过巧妙的设计流程和施工方案帮助项目团队克服项目挑战、确保安全建设的结构设计公司；QEA 授予新加坡工程质量卓越的工程项目。

近年来，随着 BIM 的广泛应用与发展，BCA 为帮助企业提升 BIM 协作能力，还专门设有建筑信息模型基金（BIM Fund）。BIM 基金主要用于支付培训、咨询、软件或硬件部分成本，以期帮助企业减少由于设计各专业之间的不协调、设计和施工之间的不协调等造成的高额成本。所有在新加坡会计和公司监管局（ACRA）、新加坡专业工程师协会（PEB）、建筑师事务所（BOA）或 BCA 的注册公司，以及所有使用 BIM 进行本地建设的单位均可以申请该项基金。对于在此方面做出突出贡献的项目或组织将会被授予建筑信息模型奖（BIM Award）。

3.5.2.8 建筑的消防管理

1996 年以前，新加坡消防安全署对所有建筑工程项目都要审核，并且审得很细；1996 年之后，针对建筑审批任务重、周期长、社会投诉多等问题，对建筑审批制度进行了改革，实行自行管制。要求具有消防设计专业资质的人士在设计图上自行声明设计图符合防火规范，并签字盖章。如实施后出现问题，追究其法律责任。消防安全署只对设计图进行形式性的审核，看其是否符合规定内容的文本、有无注册设计师和业主盖章。这样，超过 95% 的设计图在 1 天内即可核准。为了确保自行管制制度的有效执行，消防部门采取了以下措施：

（1）抽查制度。由电脑随机抽选 10% 的工程项目，进行详细审核。

（2）审查委员会和审查纪律委员会制度。如设计图不符合防火规范，将召开听证会听取专业人士意见。如果构成违法违纪，审查委员会将提请审查纪律委员会研究处罚，处罚分为警告、罚款、监禁 3 种。警告和 500 新元以下的罚款由纪律委员会裁决生效；超过 500 新元的罚款以及监禁必须上诉法庭，由法庭裁决。罚款最高为 1 万新元，监禁最高为 6 个月。

（3）提供咨询服务。

3.5.2.8.1 建筑消防安全监督制度

对于建筑消防安全的监督，新加坡有以下两方面制度保障监督实施：

（1）消防检查员制度

新加坡设置注册消防检查员一职，在整个消防安全体系中承载着十分重要的作用。根据法律规定，消防安全证书申请需附带由注册检查员发出的证书，此证书须有注册检查员担保，担保申请中已完成的消防安全工作依据《防火规章》、安全工作计划及本法各条规定执行，消防委员则在其认为适当的情况下，根据注册检查员发出的证书，对已完成的消防安全工作不进行检查，并发放消防安全证书或临时消防许可证。法律另规定，消防委员可根据其判断，在消防安全证书或临时消防许可证发放之前或之后，对于根据本条规定提交的申请相关的已完成的消防安全工作进行随机抽查。消防检查员采用注册制，由相关部门造册并对在册检查员进行监督、管理和培训。

（2）消防安全工程师制度

新加坡消防安全工程师专业化程度很高，准入条件苛刻，采用注册制并予以公示。此举一方面有利于人员管理，另一方面有利于行为准则和道德规范的培养。对于消防安全工程师的资质申请规定，根据《建筑师法》（第 12 章）注册的建筑师或根据《专业工程师法》（第 253 章）注册的专业工程师，以及申请注册为注册检查员前，应具备至少 10 年的相关工作实践经验。涉及消防安全规定的建筑物的设计和检查，或消防系统和机械通风系统的设计和检查。注册成为建筑师或专业工程师后获得上述经验。

在新加坡的建设工程消防监督工作中，消防机构的职责范围仅限于建筑物建造完毕以后的消防安全，前期消防安全均由建筑部门承担，也均由建筑方面的法律予以规制。

3.5.2.8.2 建筑物消防工程设计审核制度

新加坡现行的消防工程设计审核制度属于一种自行管制制度，从1998年9月7日开始执行。该制度规定，由消防设计专业人士确保设计图纸是否符合防火规范，否则，将依法追究法律责任。依照新加坡《消防安全法》及相关法规的要求，所有建筑物的消防工程在开工前必须由具备相关专业技术资格的"专业人士"提出申请，请求消防安全署进行消防工程设计审核。新加坡的消防工程设计审核工作由民防总部消防安全署图纸审批与咨询处全权负责。消防工程设计审核涉及建筑设计、消防设计、空调与机械通风设计等三方面的内容。

根据《消防安全法》的规定，下列建筑工程可免去设计审核的要求：

（1）三层（含地下室）以下的独立住宅；

（2）平房公寓、出租房或连体住宅的改建和扩建，要求改建和扩建不会增加地板面积或不会对公共区域、入口门或住宿区域与公共区域间的隔墙产生任何影响；

（3）独立、半独立住宅游泳池；

（4）围墙、篱笆和边界墙；

（5）警卫室；

（6）独立的垃圾站；

（7）油槽和集油器；

（8）烟囱；

（9）窗户或门上方的雨篷；

（10）旗杆或告示牌；

（11）冷却塔；

（12）不构成建筑物一部分的自动检票机、售票亭及出租车招呼站；

（13）不超过3层的建筑工地上的临时办公设施；

（14）造船厂的移动式大型起重设备。

具体申请程序包括以下内容：首先，消防设计专业人士应针对不同的设计要求备齐设计图纸与送审材料，见表3-9。

表3-9　建筑设计、消防设计、空调与机械通风设计的送审材料

建筑设计	消防设计	空调与机械通风设计
1. 一套布纹纸的设计图纸	1. 一套布纹纸的设计图纸	1. 一套布纹纸的设计图纸
2. 申请表	2. 申请表	2. 申请表
3. 审查费	3. 审查费	3. 审查费
4. 专业人士的申明表	4. 专业人士的申明表	4. 专业人士的申明表
5. 最大容纳人数的计算与未设保护的开口的计算	5. 凡设有水喷淋系统的水力计算	5. 如果采用了楼梯间加压方法，加压楼梯间与防排烟系统的计算
6. 其他相关文件	6. 其他相关文件	6. 其他相关文件

所有的设计图纸均采用标准米制单位，纸张规格为"A"系列，并按照要求进行装订。

申请表可从消防安全署申请接待处领取，或直接从民防部队的网站上下载。目前消防安全署正在与新加坡计算机委员会联合开发电子版的设计审核系统，平台一经建成就可以通过网络直接接收电子版的申请。

申请接待处的工作人员要对图纸及送审材料进行形式审查，审核内容包括有无规定内容的文本、有无注册设计师和业主的盖章等。一旦通过形式审查，专业人士应缴纳审查费，并由消防安全署出具收据。反之，申请将被驳回，待补齐或更正有关材料后方能再次申报。通常情况下，消防安全署不对申请材料中存在的问题出具书面意见。

3.5.2.8.3 建筑物消防工程验收工作

在新加坡，建筑师和专业工程师（即设备工程师）负责工程设计，其资格由新加坡国家发展部有关部门批准。新加坡《消防法》明确规定，消防工程验收由合格注册检查员负责。该检查员必须是符合建筑师法规定的注册建筑师或符合专业工程师法规定的注册工程师，有10年以上的从事消防工程技术的经验，并经民防部队防火安全培训后予以注册。

对合格注册检查员同样实行自行管制的制度，即对完工的工程由业主聘请合格注册检查员进行消防验收，合格注册检查员对验收的工程要提交验收报告，防火安全与防空壕署的执照与执法处在所有工程中随机抽取10%进行详细验收。防火安全与防空壕署的执照与执法处对于验收合格的工程发放消防安全证书；对于存在一般性问题的发放临时消防安全准许证（也称入伙证），并要求其在1年之内完成，向其发放消防安全证书，当1年内不能完工的再延长6个月；对存在严重问题的，不发放任何证书，并要求其按设计整改。合格注册检查员验收工程的费用则按照市场经济运作方式由业主支付。民防总监在社会上委任有名望的人士组成调查委员会（防火安全与防空署负责做记录），负责对失职的注册检查员进行处罚，调查委员会根据检查出问题的严重程度，对注册检查员分别给予书面警告、暂停职务、罚款、撤销注册等处罚。防火安全与防空壕署对不合格的建筑有权吊销消防安全证书和临时消防安全准许证。

3.5.2.9 假冒伪劣产品的说明、处罚及赔偿

3.5.2.9.1 假冒伪劣产品定义

1975年，《消费者保护（商品说明和安全要求）法》对虚假的商品说明如下：

（1）指一项商品说明，由于该商品说明所载或遗漏的任何内容是虚假的，或就该商品说明所适用或与之相连的货物而言，在重大方面可能会产生误导；

（2）包括以添加、抹去或其他方式对商品说明做出的使该说明在重大方面为虚假或可能产生误导的每项更改；

如没有任何人或没有任何指明、认可或暗示的标准，则任何虚假标示，或任何可能被视为虚假标示的物品，均视为虚假商品说明。

关于货物供应或批准的虚假陈述：

如果任何人在任何贸易或业务过程中以任何方式直接或间接地提供任何虚假的指示，表明该人提供的任何货物或该人采用的任何方法属于或属于向任何人（包括任何政

府、政府部门、机构、任何国际团体或机构）提供或批准的种类，无论是在新加坡还是在国外，在不违反本法规定的情况下，该人应犯有犯罪行为。

在遵守 1975 年《消费者保护（商品说明和安全要求）法》规定的前提下，任何人在贸易或经营过程中：

① 对任何货物使用虚假商品说明；

② 供应使用了虚假商品说明的任何货物；

即属犯罪。

3.5.2.9.2 处罚相关说明

根据 1975 年《消费者保护（商品说明和安全要求）法》的相关规定，凡犯有本法规定的罪行，但未规定其他刑罚者，一经定罪，应处以不超过 10000 美元的罚款或不超过 2 年的监禁，或两者并处。对本法规定的罪行，在犯罪行为发生后 3 年届满后，不得开始起诉。如果法人团体根据本法所犯的罪行被证明是在法人团体的任何董事、经理、秘书或其他类似人员或声称以任何此类身份行事的任何人的同意和纵容下实施的，或可归因于该法人团体的任何疏忽，他或她以及法人团体应犯有该罪行，并应受到相应的起诉和惩罚。如果任何人犯下本法规定的罪行是由于他人的行为或不作为造成的，则该他人应犯有该罪行，并且可以根据本节对某人提出指控并判定某人犯有该罪行，无论是否对第一个提到的人提起诉讼。消费者保护局局长可根据本法加重任何罪行，从被合理怀疑犯有该罪行的人那里接受不超过 2000 美元的款项。

3.5.2.9.3 赔偿说明

根据 1975 年《消费者保护（商品说明和安全要求）法》的相关规定，某人被判定犯有罪行的法院，可根据申请或其他方式，发布命令，要求该人就该罪行对遭受这种损失或损害的任何人造成的任何损失或损害，支付法院认为公正的不超过 1000 美元的赔偿；《2010 年刑事诉讼法》第 360 条适用于根据该条做出的任何命令。根据本条做出的赔偿令不影响任何民事诉讼的权利，要求追讨超出根据该命令支付的赔偿金额的损害赔偿。

3.5.2.10 建筑火灾保险

3.5.2.10.1 火灾保险

在 1994 年 9 月 1 日或之后开始获得组屋贷款的组屋业主，在未偿还组屋贷款期间，必须每 5 年为房屋购买和更新一次组屋火灾保险。组屋火灾保险计划有助于减轻业主在不幸发生火灾时进行维修工程的经济负担。建屋发展局火灾保险涵盖恢复受损的内部结构、固定装置以及建屋发展局建造和提供的区域的费用。它不包括家具、装修和个人物品等家居物品。目前指定为建屋发展局火灾保险计划的保险公司是富卫新加坡私人有限公司，保险有效期为 5 年。业主必须每 5 年更新一次保险。政府规定 HDB 的住户必须购买火险，如果有银行贷款，银行会强制代为安排。私宅 Condo 的管理费中都包含了火险，贷款时银行会强制再买一份。这种强制的火险保障范围非常有限，一般只保障建筑的主体结构和法律责任两个方面：

1. 建筑架构

定值保险，按投保时合同约定的保险估价来决定。保障因火灾、爆炸、雷击等自然灾害和意外事故造成的房屋主体建筑损失。在新加坡，保额一般按房屋类型、大小统一定值，可参考 2019 年 8 月 16 日至 2024 年 8 月 15 日期间的 5 年保费，见表 3-10。

表 3-10　火灾保险具体费用

房型	5 年保费（包括 9％消费税）	投保额
1 室	1.65 $	29000 $
2 室/2 室灵活房	2.76 $	48700 $
3 室 1 厅	4.96 $	60400 $
4 室/1 简易	6.05 $	82000 $
5 室/2 简易/第 3 代	7.26 $	97300 $
行政/多代	8.25 $	106200 $
1 室公寓（A/B 型）	2.76 $	48700 $

2. 法律责任

和房屋相关联，造成他人（家庭成员除外）意外身故或受伤，以及财产损失的赔偿，需根据法院的判罚赔偿。保额一般小几十万美元，有的保单额度很低，不够的部分需自行支付。

火灾保险权益：新加坡消防队在救火时损害第三方财物，由保险公司根据保单情况理赔。

火灾保险默认规定：在买卖房产时，买方将取得卖方当前享有的任何火灾保险的权益。

关于抵押权人享有的抵押房产或抵押权益所附带的权利，相关规定为：以契据形式进行抵押时，抵押权人应享有以下权利（但仅限于以下权利），形同抵押契据已有的明文规定，即在抵押契约签署日期之后的任何时间，抵押权人有权为任何可承保的建筑物、财物或房产（无论其是否附属于自由保有地产，是否属于被抵押房产的组成部分）购买并持续投保火灾损失险或火灾损坏险，除抵押贷款资金之外，抵押权人还可向被抵押房产收取上述保险的保险费，该保险费也将被视作抵押贷款资金，享受同等的还款优先级和利息标准。

关于保险金的金额和使用，相关规定为：抵押权人行使本法案所授相关权利投保的火灾损失险或火灾损坏险的金额，不得超过抵押契据规定的保险金额，（如抵押契据未对上述保险的金额进行规定）或被保险房产完全损毁的情况中房产修复成本的三分之二。关于接管人的任命、权利、薪酬和职责，相关规定为：应抵押权人的书面指示，接管人应使用其收到的款项，为抵押契据所包含的、可承保的建筑物、财物或房产（无论其是否附属于自由保有地产）购买并持续投保火灾损失险或火灾损坏险。接管人应将其收到的所有款项用于以下用途：用于支付接管人的佣金，抵押契据或本法案要求支付的火灾险、人寿险等保险的保险费（若有），以及按照抵押权人的书面指示进行必要（或适当）修复的成本。

关于管理土地，并在委托人未成年期间代为收取并使用土地的收入，相关规定为：受托人应管理土地，或监督土地的管理工作，并全权负责投保火灾损失险关于投资权的附属权利。另有相关规定：受托人出售无限定继承权之房地产的土地通过《国家土地法》（第 314 章）所授政府赠地持有的土地或土地使用年限剩余 30 年以上的土地时，（如有需要将土地出售收益用于投资）受托人有权与买方签订合同，按照合同约定，买方可抵押上述出售给买方的土地，为买方的购地款提供担保（但不可超过购地款的三分之二），但是，如上述被抵押的土地包含任何建筑物，抵押人应承诺为该建筑物投保全额的火灾损失险或火灾损坏险。

3.5.2.10.2 房屋财产险

由新加坡当地最大的保险公司 NUTC Income Insurance 提供的涉及火灾的部分保险内容见表 3-11。

表 3-11 房屋财产保险具体费用

保险项	最高保险限额	事故原因
建筑物或装修的损失或损坏	我们可以选择向您退还修复、恢复、更换损失或损坏的建筑物或装修部分的费用。我们将在保单有效期内每 12 个月支付保险金，最高限额见保险金额表	火灾引起
个人物品	我们可以选择向您退还修理或更换丢失或受损财产的费用。在保单有效期内，每 12 个月我们将支付不超过保障表所示限额的费用。对于同一损失，您只能根据第 2、第 3 或第 4 部分提出索赔，而不能根据多个部分提出索赔。 分项限额：每件、每套或每对 2500 美元	火灾引起
清除瓦砾	建筑物、翻新工程和家居物品总保额的 5%	火灾引起
因意外事故而无法居住时	综合限额：附表所示建筑物或装修保险金额的 15% 分项限额：每月 10000 美元	火灾引起
更换灭火设备	2500 美元	火灾引起

3.5.2.10.3 组屋火灾险和家居保险的区别

组屋火灾保险和家庭保险的区别在于，组屋火灾保险仅由建屋发展局或其认可的开发商提供的建筑结构、固定装置和配件，不包括家具、装修和个人物品等家居物品，对于采用贷款的业主来说是强制性的。家庭保险的承保范围因保险公司而异，但包括家居用品和个人物品、装修、替代住宿的费用、清除碎屑。维修费用对邻居财产造成损害的个人责任保险，在家庭保险中是自选的。

4 国内外对比分析研究

为加强建筑材料防火性能的监管,我国将监管流程分为生产和销售领域建筑材料防火性能监管、图纸设计阶段建筑材料防火性能监管、施工验收阶段建筑材料防火性能监管,以及扩建、改建工程建筑材料防火性能监管、使用领域建筑材料防火性能监管等,并制定相应的法律法规、技术标准,明确各环节监管主体、责任主体、监管方式、监管流程、第三方机构管理以及罚则。但我国近年来多发的火灾态势,尤其是建筑材料燃烧导致的大量人员伤亡情况,体现了目前我国建筑材料防火性能的监管制度仍需进一步细化和完善。本节旨在对比我国和发达国家地区的建筑材料防火性能监管制度,分析我国目前建筑材料防火性能监管制度存在的弊端,为下一步提出针对性建议提供基础。

4.1 国内外建筑材料防火性能差异

4.1.1 国内外燃烧性能测试及判断标准

燃烧性能测试主要是用来评估建筑材料的潜火性能的测试,其中包含了建筑材料的阻燃性、可燃性、烟雾释放测试、产生的毒性气体测试、火焰和烟雾传播测试等项目。墙壁、天花板衬、门窗、地板、涂料等建筑材料,都可能存在引起潜在火灾的危险,所以对建筑材料产品进行防火性能测试,可以有效地减少火灾隐患。在全球化贸易的今天,建筑材料出口也呈现常态化,各国对于建筑材料防火测试标准的规定各不相同。

4.1.1.1 中国

我国涉足材料对火的反应研究领域的工作较晚,经过多年的探索,直至20世纪80年代末才编制出台了建筑材料燃烧性能分级标准 GB 8624。其主要参照德国标准 DIN4102-1,并在标准中根据某些材料的使用特性针对特殊用途材料做出了相应的规定,如铺地材料、窗帘幕布类纺织物、电线电缆塑料导管和管道保温用泡沫材料。

GB 8624的颁布实施是在1988年,1997年进行了首次修订,2002年进行了第二次修订。该标准被《建筑设计防火规范》《高层民用建筑设计防火规范》和《建筑内部装修设计防火规范》等多个强制性规范所引用,经过十多年的发展与完善,已逐步形成了较为系统的建筑材料燃烧性能分级体系。该体系涉及试验方法十余种,其中主要包括 GB/T 5464、GB/T 8625、GB/T 8626、GB/T 8627、GB/T 14402、GB/T 14403、GB/T 11785、GB/T 5454、GB/T 5455、GB/T 2406、GB/T 2408、GB/T 8332、GB/T 8333,一直以来为我国消防安全产品行业的发展和消防监督工作发挥着重要作用。

4.1.1.2 美国

ASTM E136 为建筑材料不燃性试验方法。试验装置是一个小型的垂直管式炉，内径为 76mm，高 210~250mm，炉内温度设定为（750±5）℃，装置能保证有室内气流从装置底部流入炉内。试样尺寸为 38mm×38mm×51mm。ASTM E 136 将试样中心热电偶温升不超过 30℃作为推荐性判据，质量损失率不超过 50%以及试验开始后的 30s 内不出现持续燃烧现象作为强制性判据。如果质量损失率超过 50%，应保证在整个试验期间不出现持续燃烧并增加其他温度判据。ASTM E136 的试验原理同 ISO 1182（GB/T 5464）相类似。

美国消防协会（NFPA）颁布的《建筑和生命安全规范》对不燃材料和有限燃烧类材料做了区分。ASTM E136 用于确定不燃材料，而 NFPA 259《建筑材料潜热值的标准试验方法》规定了有限燃烧类材料的潜热值不超过 8.2MJ/kg。根据 NFPA 259，材料的潜热值是氧弹量热法测取的材料总燃烧热值与在 750℃的箱式电阻炉（马弗炉）内将材料加热 2h 后剩余物质的总燃烧热值之差。

对于室内墙面和吊顶材料，Steiner 隧道试验在美国是最常用的燃烧性能试验方法，ASTM E84 规定了该试验方法并用于评价材料在顺风火焰传播的情况下材料表面的燃烧特性。Steiner 隧道试验装置是一个隧道形的卧式炉体，尺寸为 8.7m×0.45m×0.31m。试样尺寸为 7.6m×0.51m，安装在试验炉顶部位置。热输出为 79kW 的燃烧器直接作用在试样的一端，并从燃烧器向整个隧道内通入平均流速为 1.2m/s 的空气流。试验过程中测量表面火焰传播距离和排烟管道内的透光率，试验时间为 10min。火焰传播指数（FSI）根据试验过程中记录的火焰尖端到达的距离随时间变化的曲线所围面积进行计算，烟气生成指数（SDI）等于 10min 试验期间内，试验的透光率随时间变化曲线所围面积与作为参考试样的红橡木地板的透光率曲线所围面积的比值，再乘以 100（红橡木地板为标准物质，定义其 SDI 为 100）。

ASTM E84 隧道试验被美国的建筑规范采用，其 FSI 指数是规范对建筑表面装修材料分级的基础，有三个等级，A 级制品，FSI≤25；B 级制品，25<FSI≤75；C 级制品，75<FSI≤200。按隧道试验测试的制品的 SDI 不能超过 450。

由于隧道试验最初用于测试木制品，这类制品不会熔化或滴落，没有过低的热惯量，在试验中试样位置相对固定，不会发生变形，且试样通常具有足够的厚度，从而使基材和粘接剂对试验结果影响很小。这使经过阻燃处理的木制品以及未经过阻燃处理的木制品的 FSI 等级和全尺寸墙角火试验的轰燃时间存在着良好的相关性。然而对于受热易熔化或软化的某些吊顶制品，在试验中就会出现一些异常现象，不利于试验过程中的测试。为了固定这类制品，标准给出了各种可选的安装方法，但这些安装方法也可能会影响试验结果。

对于某些制品如塑料泡沫和墙面纺织物，其 FSI 等级和实际燃烧性能之间并没有多大的一致性。塑料保温泡沫将热量聚集在室内，从而导致了更高的温度和加快火灾增长速度。隧道试验并不能测试出这种制品的燃烧效应。人们逐渐认识到墙面纺织物和吊顶纺织物是很多火灾的主要起因，而隧道试验并不能可靠地预测墙面纺织物的火灾特性。为了准确测试这类制品的燃烧性能，现在建筑规范要求应用于无水喷淋系统场所的塑料泡沫和墙面纺织物必须通过墙角火试验（NFPA 265《评估纺织品墙面覆盖物室内火灾增长的标准试验方法》）。

对于铺地材料，美国仍然采用 Steiner 隧道试验方法来进行燃烧性能评价。由于 Steiner 隧道试验是在顺风的条件下进行，顺风火焰传播是室内装饰材料的主要参考场景，但考虑到铺地材料也存在逆风火焰传播的可能性，美国标准技术委员会（NIST）在 20 世纪 70 年代做了一系列用于研究铺地材料火灾危害的全尺寸试验，主要研究起火房间至与房间相连的走廊的火灾蔓延情况。在这些全尺寸的火灾试验的基础上，形成了测试铺地材料燃烧性能的铺地材料辐射热源（辐射板）试验方法，即 ASTM E648。试验装置的热源是一块与水平线成 30°夹角的辐射加热板，采用空气与燃气按特定比例混合的气体作为燃料。辐射板沿 1m 长的试样方向产生 $10kW/m^2$ 至 $1kW/m^2$ 的热通量分布。将试样上火焰传播的最大位置对应的热通量定义为该材料的临界辐射通量。该方法同 ISO 9239-1 标准的技术原理类似。

在美国，外墙保温装饰系统（EIFS）在高层建筑的外墙结构中使用非常普遍，由于这类系统通常使用保温塑料泡沫和其他可燃材料，因此存在着火焰由起火房间向上层房间传播的潜在可能。试验方法 NFPA 285 就用来评价这类墙面系统在着火时，火焰沿系统外表面、内表面和芯材等进行垂直传播、横向传播的能力。试验装置是一个两层建筑结构，两层房间尺寸完全一样，房间内部尺寸为 3.05m×3.05m×2.13m，房间为砖混结构，除前方墙面未封闭外，其他墙面不设置出口。底层房间的室内墙面采用石膏板和陶瓷纤维保温板保护，试样组件安装在前墙面位置，并连通封闭上下两层房间。在距底层房间地板高 0.76m 处开 1.96m×0.76m 的窗户，主燃烧器位于底层房间内，燃烧器热输出在试验开始时大约为 700kW，在试验的最后 30min 内，热输出增大至 900kW。辅助燃烧器位于窗户的内表面，并可以对窗框施火，当火焰穿透至墙体材料芯材时，窗框成为外墙组件中最脆弱的部分。试验过程中观察火焰在外墙表面的传播以及测量在窗户开口上方位置和与窗户水平位置的温升。

美国建筑规范规定了建筑之间最小的距离，以此来避免火焰传播至相邻建筑。该距离是以假设建筑外墙材料是木材制品的情况而制定的。通常可接受的引燃木材的热辐射通量的门槛值为 $12.5kW/m^2$，但是市场上已经出现了各种各样的建筑外墙材料。为确保建筑规范对这些材料的要求具有相同的有效性，有必要证明引燃这些材料的辐射通量门槛值大于或等于木材的门槛值，试验方法 NFPA 268《辐射热源下外墙组件着火性标准试验方法》可以用于这种验证。试验装置是一垂直的丙烷火焰辐射板，其尺寸为 0.91m×0.91m。试样承受的热通量大约等于 $12.5kW/m^2$，试样尺寸为 1.22m×2.44m。点火器安装在试样的中心垂直线上，高于水平中心线 0.46m，并离试样表面 15.9mm。如果在 20min 的试验时间内试样没有被引燃，则视为试样通过该试验。

屋顶表面的木制平台或屋顶覆盖物都有可能发生火焰传播的情况，试验方法 ASTM E108 描述了在模拟火灾起源于建筑外的条件下测试屋顶表面材料的相关燃烧特性。屋顶表面材料安装在 1.0m×1.3m 的平台上，平台具有一定的斜度。该方法包括三种不同的试验：间断式受火试验、火焰传播试验和燃烧木垛试验。每个试验都有三种不同的受火程度（严重、适度和轻微），其对应的燃烧性能等级分别是 A 级、B 级和 C

级。除此之外，对于在火灾中易产生飞扬的木垛材料，需要进行飞扬的燃烧木垛试验，而对于在火灾中由于水喷淋可能对某些屋顶表面材料的燃烧性能造成相反的破坏作用，这类材料须附加进行雨淋试验。

4.1.1.3 日本

日本的建筑基准法规定建筑材料和制品的燃烧性能分级体系主要以锥形量热计试验方法（ISO 5660-1）为基础。对于不燃材料，日本采用 ISO 1182 方法进行测试，但是对于不燃材料的炉内温升和质量损失率的上限分别是 20℃ 和 30%。对于不燃材料还可选锥形量热计法进行评价。按照该方法，材料的总热释放量不应超过 $8MJ/m^2$，在 $50kW/m^2$ 的热通量辐射条件下，20min 内的试验时期内的最大热释放速率不超过 $200kW/m^2$。

对于"准不燃"材料，按锥形量热计法测试，其总热释放量不超过 $8MJ/m^2$，在 $50kW/m^2$ 的热通量辐射条件下，10min 内的试验时间内的最大热释放量不超过 $200kW/m^2$。对于"难燃"材料判据仍然相同，但是试验时间缩短为 5min。一种减小了尺寸的房间火试验"模型盒试验"（ISO/TS 17431）也可用作对材料进行"准不燃"和"难燃"分级。具体的分级信息见表 4-1。

表 4-1 日本建筑材料或制品的燃烧性能分级表

分级等级	试验方法	判据
不燃	ISO 5660-1	（1）单位面积的总热释放量≤$8MJ/m^2$； （2）不发生明显变形，如龟裂等； （3）至少在持续 10s 的时间段内，单位面积的最大热释放速率≤$200kW/m^2$； 注：试验时间为 20min
	ISO 1182	（1）20min 内炉内温升≤20K； （2）质量损失率≤30%
准不燃	ISO 5660-1	同不燃材料，但试验时间为 10min
	ISO/TS 1743	（1）样品总热释放量≤30MJ，燃烧器热输出为 20MJ； （2）不发生明显变形，如龟裂等； （3）至少在持续 10s 的时间段内，单位面积的最大热释放量≤140kW
难燃	ISO 5660-1	同不燃材料，但试验时间为 5min
	ISO/TS 7431	（1）样品总热释放量≤30MJ，燃烧器热输出为 10MJ； （2）不发生明显变形，如龟裂等； （3）至少在持续 10s 的时间段内，单位面积的最大热释放量≤140kW
在试验中，制品应连同其面层材料制成试样，当面层有机物含量符合下列条件时，应附加毒性试验：不燃，>$200g/m^2$；准不燃和难燃，>$100g/m^2$；当面层含有木质材料时，如纸面石膏板，有机物总量>$100g/m^2$	JIS 1321	小鼠停止运动的平均时间≥6.8min

4.1.1.3.1 不燃性试验

该试验程序仅适用于被视为不燃类的材料的评估。日本的不燃性试验装置、试验程序和 ISO 1182 不燃性试验几乎完全一致。本部分只说明这两种试验方法的区别:

(1) 不燃性试验装置的区别。日本试验装置只有 2 只热电偶,加热炉周围未进行隔热保温。

(2) 试样的区别是形状。日本试验的试样形状为立方体 (50mm×40mm×40mm),而 ISO 试验的试样是圆柱体。(注:中国台湾用于不燃性测试的方法同日本类似)。

(3) 测量温差 ΔT 的方法也有小的差别。ISO 不燃性试验的温差 ΔT 是最高温度峰值与最终平衡温度的差值,而日本不燃性试验的温差 ΔT 是最高温度峰值与初始温度的差值。因此,日本不燃性试验的试验时间没有 ISO 1182 试验的时间那么长。日本的不燃性试验时间约为 20min,而 ISO 试验时间为 30～60min。

(4) 结果的输出有差别。日本试验的最终输出结果是三个试样的最大值,而 ISO 试验是 5 个试样结果的平均值。日本只测量炉内的温度变化,而不测量质量损失率和持续火焰时间,但 ISO 试验均要输出这些参数。

4.1.1.3.2 缩减尺寸的模型盒 (RMB) 试验

RMB 试验规模只有全尺寸墙角火试验 (ISO 9705) 的 1/3。该试验方法于 20 世纪 80 年代早期研制,用于确定准不燃材料在受火时的燃烧性能。相对于墙角火试验,RMB 试验的优点是它不需要在轰燃后立即结束,而且每个试验的成本远低于墙角火试验。实际上,热释放速率峰值和产烟量峰值通常在轰燃后出现,因此 RMB 试验可以方便地测量轰燃后特性。

4.1.1.4 欧盟

2000 年以前的欧洲尚无统一的分级体系,各国对建筑材料燃烧等级的划分五花八门,例如法国将材料划分为 M0、M1、M2、M3、M4、M5 级;英国和北爱尔兰将材料划分为不燃和可燃两大类,其中可燃又分为 0、1、2、3、4 级;德国将建材划分为 A1、A2、B1、B2、B3 级。为了促进各国间的经济往来、进一步消除贸易壁垒,欧洲各国开始了长期而又艰苦的标准化统一历程,导则 89/106/EEC 中有关建筑制品消防安全的委员会决议 (94/611/EC) 实施细则第 20 条是开展燃烧性能分级体系的统一工作的法律依据。经过欧盟成员国多年的不懈努力,新的建筑材料燃烧性能分级体系终于在 2000 年 2 月宣告建立,自 2002 年 6 月起欧洲市场上的建筑制品开始采用统一后的试验方法进行判级并按照统一的标准划分等级。

统一后的分级体系着重以建筑材料的最终用途情形为试验条件,并按照产品使用部位和基本形状将建材制品分为平板材料、管状保温材料和铺地材料三大类,分级方法为 EN 13501-1:2002。在分级体系中引用了 EN ISO 1182 不燃性试验、EN ISO 1716 热值试验、EN 13823 SBI 单项燃烧试验、EN ISO 11925 可燃试验和 EN ISO 9239-1 铺地材料辐射板试验,试样的制备和基材的选取见 EN 132380,详细情况见表 4-2。2003 年 8 月,TC 88 WG10:ad hoc 防火测试小组,提出了针对管状保温材料的分级方法,并列入 EN 13501-1 体系中,使这个新的体系也能适用于管状材料而不仅仅是平板类建筑材料及制品,丰富和完善了标准内容。

表 4-2 欧洲对建筑材料燃烧性能的分级（平板类）（EN 13501-1）

级别	测试方法	技术要求	附加分级
A1	EN ISO 1182	$\Delta T \leqslant 30℃$； $\Delta m \leqslant 50\%$； tr＝0（即无持续火焰）	
	EN ISO 1716	PCS≤2.0MJ/kg PCS≤1.4MJ/m	
A2	EN ISO 1182	$\Delta T \leqslant 50℃$ $\Delta m \leqslant 50\%$ tr≤20s	
	EN ISO 1716	PCS≤3.0MJ/kg PCS≤4.0MJ/m	
	EN 13823	FIGRA≤120W/s 且 LFS＜试样边缘 且 THR600g≤7.5MJ	
B	EN 13823	FIGRA≤120W/s 且 LFS＜试样边缘 且 THR600s≤7.5MJ	烟生成及燃烧滴落物
	EN ISO 11925-2 点火源＝30s	Fs≤150mm 60s 内	
C	EN 13823	FIGRA≤250W/s 且 LFS＜试样边缘 且 THR600s≤15MJ	烟生成及燃烧滴落物
	EN ISO 11925-2 点火源＝30s	Fs≤150mm 60s 内	
D	EN 13823	FIGRA≤750W/s	烟生成及燃烧滴落物
	EN ISO 11925-2 点火源＝30s	Fs≤150mm 60s 内	
E	EN ISO 11925-2 点火源＝15s	Fs≤150mm 60s 内	燃烧滴落物
F	无要求		

4.1.1.5 英国

随着欧盟一体化进程的加快，欧盟标准化委员会（CEN）已于2001年11月15日正式通过欧盟建筑制品燃烧性能新分级体系（EN 13501-1）。该体系已成为评价欧盟建筑制品的燃烧性能分级的统一方法。新分级体系出台后，欧盟各成员国的建筑规范和指南都进行了修订。在英国，苏格兰调整了其相关技术标准，并于2002年3月正式实施。同时，英格兰和威尔士也在广泛地征求各方意见后于2003年3月开始实施修订了的建筑防火规范，以适应新分级体系的发展。在该规范中同时保留了以前英国自己制定的分级体系，以有利于向欧盟统一分级体系的顺利过渡。

建筑制品应符合的燃烧性能要求在英国建筑火灾安全规范《APPROVED DOCUMENT B 2000 AND AMENDMENT 2002，AD.B》中 B2 部分以及附录 A 中进行了详细规定。

B2 部分对室内装修材料的火焰传播做了规定。室内装修材料是指用于室内隔断、墙、吊顶和其他室内结构表面的材料或制品。英国的分级体系主要采用 BS 476-6《制品的火焰传播试验》和 BS 476-7《制品表面火焰传播分级的试验方法》。通常，BS476-7 试验可用于评价材料的火焰传播等级，共包括 1、2、3、4 等 4 个等级。除此之外，BS 476-4《不燃性试验》和 BS 476-11《建筑材料释放热量的评价方法》也可用于评价符合 0 级的试验方法。

在英国，室内装修材料的最高火焰传播级别是 0 级，达到该级别的材料应满足以下条件：

火焰传播等级达到 1 级，且火焰传播指数（I）不超过 12，火焰传播分指数（i）不超过 6。因此，要达到 0 级，匀质材料需通过 BS 476-4 或 BS 476-11 部分试验，复合材料需通过 BS 476-7 和 BS 476-6 试验。

4.1.1.6 新加坡

新加坡的建筑分类见表 4-3。

表 4-3 新加坡建筑分类

PG 建筑物分类	建筑物描述	建筑物或建筑物的一部分的用途	
Ⅰ	小型住宅	住宅，例如：	
		平房 独立式住宅	排屋 半独立式住宅
Ⅱ	其他住宅	除 PG Ⅰ 外的住宿住宅，例如：	
		出租式公寓 集群型房屋 产权式公寓	单元房 复式住宅 联排住宅
Ⅲ	机构	用于治疗、护理或维持残疾人的机构，例如：	
		社区医院 疗养院 智障人士之家 养老院	麻痹症患者之家 临终安养院 医院 精神病院 小型私立疗养院
		用于照顾或维持青少年/受抚养人的机构，例如：	
		儿童之家 矫正中心 日托中心 收容所 透析中心	婴儿护理中心 康复中心 麻痹症患者学校 老年活动中心 孤儿院
		用于教育/培训目的的机构，例如：	
		学院 商业/私立学校 贵族学校 幼儿园/托儿所 军事训练营地	理工学院 公立学校 补习中心 大学 职业院校
		用于工人住宿目的的场所，例如：	
		工人宿舍	

续表

PG建筑物分类	建筑物描述	建筑物或建筑物的一部分的用途	
Ⅳ	办公室	用于行政和文书工作的处所/区域/空间/楼层,或用作办公室的处所,以进行其中的活动,例如:	
		银行业 保险业 出版商	股票经纪人 电话/电报操作
Ⅴ	店	用于以下用途(及/或任何其他类似行业或业务)的处所/区域/空间/楼层:	
		美容院 书店 商店 糖果出口 百货公司 药店 礼品店 美发沙龙 珠宝店 洗衣店 门诊 当铺	宠物店/宠物诊所 诊所科室 临时商店 商场 购物中心 样板房 商品销售陈列室 超级市场 外卖餐饮 奥特莱斯/售货亭 票务代理 旅行社
Ⅵ	厂	进行制造、加工、服务或测试活动的场所/区域/空间/楼层,例如:	
		飞机机库 化学药品 消耗品 数据/服务器中心 电气开关/传输 烟花 食品 玻璃器皿 高度可燃物质 高度易燃产品 焚化 金工	炼油厂 制药 发电 回收 橡胶 造船 电信交换 车辆维修/保养 晶体 废物处理/泵送 木制品
Ⅶ	公共区域/度假地	用于住宿目的的处所/区域/空间/楼层,例如:	
		青年旅馆 寄宿公寓 旅馆 员工宿舍	度假村 服务式公寓 学生宿舍
		用于教育目的的处所/区域/空间/楼层,例如:	
		礼堂 会议中心 展览中心	博物馆 公共艺术画廊 公共图书馆
		用于社会目的的场所,例如:	
		社区中心	私人俱乐部

续表

PG建筑物分类	建筑物描述	建筑物或建筑物的一部分的用途	
Ⅶ	公共区域/度假地	用于娱乐目的处所/区域/空间/楼层，例如：	
		赌场 电影院 音乐厅 迪斯科舞厅	网游中心 卡拉OK厅 夜总会 剧院
		用于宗教目的的处所/区域/空间/楼层，例如：	
		教堂 清真寺	寺庙
		用于身体护理目的的处所/区域/空间/楼层，例如：	
		全身按摩 足疗	体育馆 Spa
		用于娱乐用途的处所/区域/空间/楼层，例如：	
		游乐中心 台球/斯诺克中心 保龄球中心 屋顶花园/露台 空中花园/露台	公共体育中心 公共游泳场馆 体育场
		用于餐饮目的的处所/区域/空间/楼层，例如：	
		自助餐厅 食堂 咖啡店 餐饮店 快餐店	美食广场 小贩中心 酒馆/酒吧 小餐馆
		用于运输目的的处所/区域/空间/楼层，例如：	
		机场航站楼 巴士总站	渡轮码头 火车站
Ⅷ	存储	用于存放或停放货物、物料及/或车辆的处所/区域/空间/楼层，例如：	
		冷藏室 货仓 存储店	停车场 仓库

4.1.1.6.1 火焰蔓延的分级

（1）0级

任何提及表面为0级的内容均应解释为要求：构成墙壁或天花板的材料应始终不燃；表面材料（或者，如果它与基材黏合在一起，则表面材料与基材结合）在按照BS第476进行测试时，表面材料应具有7级的表面，如果按照BS 476进行测试，第6部分的性能指数（Ⅰ）不得超过12，并且有一个子指数（i1）不超过6。

(2) 0 级以外的其他分级

任何对非 0 级表面的提及，均应解释为要求是建造墙壁或天花板的材料应符合与火焰表面蔓延相关的测试标准。该标准在 BS 476 第 7 部分中针对该类别进行了规定。

（3）分级顺序

0 级应被视为最高等级（基于 BS 476 第 6 部分和第 7 部分），其次是第 1 级、第 2 级、第 3 级和第 4 级（基于 BS 476 第 7 部分），如下所述：

① 第 0 级：无火焰蔓延的表面。这些表面必须符合 3.1.1 的要求。

② 第 1 级：火焰蔓延非常低的表面。这是指在相关测试条件下，在测试的前一定时间内，火焰蔓延不超过 165mm，最终火焰蔓延不超过 165mm 的表面。

③ 第 2 级：低火蔓延表面。这是指在相关测试条件下，在测试的前一定时间内，火焰蔓延不超过 215mm，最终火焰蔓延不超过 455mm 的表面。

④ 第 3 级：中等火焰蔓延的表面。这是指在相关测试条件下，在测试的前一定时间内，火焰蔓延不超过 265mm，火焰最终蔓延不超过 710mm 的表面。

⑤ 第 4 级：火焰快速蔓延的表面。这是指火焰蔓延超过 3 级限制的表面。

4.1.2 各国建筑材料燃烧性能分级体系的区别

4.1.2.1 分级标准

在分级标准上，中国与美国、欧盟、新加坡等国家和地区制定了专门的分级标准。以我国为例，自 1988 年就制定了国家标准 GB 8624《建筑材料燃烧性能分级方法》，2006 年修订时参照欧盟的 EN 13501，将建筑材料分为 A、B1、B2、B3 四个等级。

但并不是所有国家和地区都有专门的分级标准，典型的代表国家是日本。日本无独立的分级标准，有关建筑材料燃烧等级的划分是在日本的《建筑基准法》中。

4.1.2.2 等级划分

我国将材料划分为 A 级不燃材料（制品）、B1 级难燃材料（制品）、B2 级可燃材料（制品）和 B3 级易燃材料（制品）四个等级。

欧盟 SBI 试验方法，根据燃烧热值、火灾发展速率、烟气产生率等燃烧特性要素将材料划分为 A1、A2、B、C、D、E、F 或 A1fl、A2fl、Bfl、Cfl、Dfl、Efl、Ffl 或 A1L、A2L、BL、CL、DL、EL、FL 等多个级别，除此之外，还有针对烟气生成和燃烧滴落物等做了附加等级的划分，产烟分为 S1、S2、S3 三级；燃烧滴落物/微粒分为 D0、D1、D2 三级；产烟毒性分为 T0、T1、T2 三级。

美国对材料燃烧性能分级主要采用 ASTM E 84 试验方法，考察材料的火焰传播指数，根据火焰传播指数将其分为 A 级、B 级和 C 级，且整个美国对材料的燃烧性能试验方法标准较多，如 ASTM 标准、UL 标准、NFPA 标准等，统一性不强。

日本的法律和欧盟相似，采用的 ISO 5660 使用制品燃烧的热释放速率来对材料进行分级，将材料燃烧性能划分为不燃、准不燃和阻燃（难燃）三个等级，三个等级均以锥形量热计为主要的试验方法，不燃级可用 ISO 1182 试验方法替代，准不燃级和阻燃（难燃）级可用 ISO CD 17431 试验方法替代。在日本的分级中有附加毒性试验的要求。

欧洲和日本分级体系最大的相似点在于，欧洲主要采用的是 SBI 试验方法获得，而日本均模拟小房间火灾的燃烧景象。

4.1.2.3 火灾场景

我国目前执行的分级方法和试验方法在原理上主要以小尺寸试验为主，测试材料在受火作用下的一些基本对火反应能力，如火焰蔓延、极限氧指数、燃烧分解烟密度、烟气毒性等。

欧盟和日本的分级试验方法均参照了相同的火灾场景，即在小房间火灾条件下划分制品燃烧等级。尽管日本采用的是小型试验，欧盟采用的是中型试验，但等级划分的基本思路却如出一辙（耗氧原理）。

美国的分级试验方法是测定建筑材料（包括固体塑料）的火焰传播速率，同时测定生烟性，通过火焰传播属 FSI 和烟扩散值划分材料等级。

4.1.2.4 烟密度测试

我国 GB 8624 采用 GB 8627 测试的是静态烟密度。

欧盟体系中，材料燃烧产生烟气程度的大小是 SBI 的测试项目之一，这意味着测试值是动态烟密度。

美国的烟雾密度是以 10min 内光吸收率（Light absorption）与燃烧时间作图得到光密度变化曲线的数值，同样可归为动态数值。

4.1.2.5 烟气毒性的测试

据统计，火灾死亡人数中近 80% 是由于吸入过量的有毒烟气致死的。我国和日本的分级均需加做材料烟气毒性试验，而欧盟、美国等国家则对毒性未做要求。

对燃烧烟气毒性的试验和分级在国际上尚无统一判据，我国通过大量的试验研究，借鉴多个国家的相关技术，自己摸索总结出了一套完整的以动物为试验对象的烟气制取、染毒试验方法及毒性评价方法，并形成了行业标准 GA 132—1996。该方法以定性和定量相结合的方法来评价材料热分解产烟毒性的大小，不同于国外某些行业标准定量分析几种典型气体浓度大小来评价烟气毒性的方法。目前该方法是评价 A 级复合夹芯材料的方法标准之一；日本的毒性试验也是小白鼠试验，即 JIS 1321 标准，日本分级要求当材料或制品面层的有机物含量超过以下标准时，必须附加动物染毒试验：不燃＞200g/m²，准不燃和难燃＞100g/m²，火灾场景是模拟邻近起火地点的疏散通道内的烟气生成，试验中记录下开始加热至每只老鼠丧失行动能力的时间，试验持续 15min。

4.1.2.6 测试样品

我国对材料燃烧性能分级所采用的方法是针对材料本身的一些物理、化学特性而制定的，试验中并未更多地考虑材料的实际应用。

以美国、欧盟、日本为代表的国家在选取测试样品时，使用的是"最终用途"的建筑制品，即实际应用的材料，往往包括实际的基材加面层材料或标准基材。

显然，不同的原材料制作成各种制品应用于不同的场所时，其本身的燃烧性能将会发生显著的变化，所以应该有不同的考虑和要求。

4.1.2.7 试验方法

中国、欧盟和日本体系比较相似的一点是均用到了 ISO 1182 作为不燃性试验方法，但日本所用的不燃性试验方法除持续燃烧时间外判级指标基本上等同于 ISO 1182，但有关炉内温升的定义与 ISO1182 略有不同。就 ISO 1182 而论，是指试验最高温度和试验终平衡温度之差。考虑到试验的典型性，由于达到最高温度的时间很少是在试验开始 20min 后，故与 ISO 1182 中的定义是一致的。但就温度峰值出现在试验开始后 20min 的样品而言，日本和 ISO 1182 的定义却又完全不同了。我国的 GB 5464 完全等同于 ISO 1182。

尽管如前面所言，各国分级标准及其相应的试验方法自成系统，很难发现等级间的对应关系。但是，在 20 世纪末的欧洲有关试验研究机构也曾就这个问题组织过一些研究，例如针对 SBI 与 ISO 5660 的相关性开展研究，并开发了一个可根据锥形量热计试验数据预测 SBI 对建筑材料的分级结果的一元火焰传播模型，通过对 33 种制品的验证试验，其结果表明模型计算结果对材料的分级准确率高达 90%，该模型有力地证明了日本与欧洲的主要试验方法间具有良好的关联性，而且日本和欧洲等级间也存在着某种对应关系。

管状保温材料和铺地材料的分级几乎相同，管状保温材料分级使用的方法标准同平板类材料相同，判定指标有差异；铺地材料的核心试验方法为 ISO 9239-1，而不是 SBI，其他方法相同。

4.2 部分国家监管体系对比分析

4.2.1 美国

美国建筑材料产品的认证由获得美国职业安全与健康管理局 OSHA 或美国国家标准学会 ANSI 认可的认证机构实施，分为强制性认证和自愿性认证。在生产领域，供应商和制造商通常实施质量管理体系（如 ISO 9001），确保其生产过程和产品质量符合标准，提供出厂检验报告并建立材料追溯系统。第三方检测和认证机构对特定材料（如防火材料）进行认证。在施工领域或使用领域发现制造、售卖、使用假冒劣质建筑产品，通常会先将产品召回，随后对相关部门、生产商、销售商等机构及人员进行罚款、行政处罚，相关企业可能被要求停业整改，直至问题得以解决，情节严重或造成人身伤害的则会面临民事诉讼或刑事处罚。可以看出，在生产和销售领域，美国缺少像我国一样的市场监督管理等政府部门实施产品质量监管，但是，美国制定了制造、售卖、使用假冒劣质建筑材料/产品严苛的惩罚措施，倒逼生产、销售、使用责任单位和责任人遵守相关产品质量相关法律法规。

美国各州（市/镇）在建筑材料防火性能监管体系方面，自建筑设计审验至施工监管，再至质量验收，各流程的工作均由不同部门依据规范、标准等文件进行。在州和/或地方层面，通常至少有两个部门负责建筑和消防安全方面的监管：建筑部门（或类似的政府实体，如发展服务、建筑控制等）和消防部门（或类似的政府实体，如公共安全部、消防部等）。美国联邦政府以及各州、地方政府均对建设工程消防设计、施工质量进行监督管理，建设部门或消防部门负责建设工程消防设计审核与验收工作。建设工程消防设计审核是建设管理部门核发开工证的前提条件，对建设管理部门统一受理转送的方案设计、建筑施工图设计、消防设施专项设计进行分阶段审核；消防验收分段进行，消防隐蔽工程完成前，必须经消防部门检查一次，所有工程完成后，还要进行最后的消防验收。建筑物投入使用后，则通常由消防部门确保建筑物继续安全供人居住。在监管体系中由建筑部门监督建筑设计中所选用的材料、产品是否符合国家和地方的建筑规范和标准，由消防部门监督设计中使用的防火材料（如防火门、防火窗、防火涂料等）符合消防安全标准。可以看出，对比我国现有监管体系，美国在监管阶段方面，增加了隐蔽工程的消防部门验收阶段，强化了施工过程中的监管力度。

4.2.2 德国

具体监管流程为：在设计阶段，由业主将设计的图纸报送城市建设主管部门审核，其中涉及消防方面的内容，转送消防部门审核后再退回建设主管部门审批，进而决定是否核发施工许可证。审核机构不是政府部门，是以审核校对师为主体的事务所，它代表政府行使监管权力。建设工程项目竣工验收是由建设部门负责，但建设部门一般邀请消防部门一同参加。在施工单位获得政府许可开工资格，实际动工后，必须委托至少一个取得国家资质认可的检测机构对施工活动中涉及的建筑材料进行检验，并出具相应的质量认定书，相关费用由工程参与主体的责任方承担。同样，还必须委托至少一家监督机构对整个工程进行全生命周期的监督检查，包括施工前的设计图审查，施工过程中对主体结构、隐蔽工程的监督检验，以及工程竣工验收时的整体检查。同时，德国制定了验收完成后责任转移制度，验收完成后，建筑部门将会发布验收报告。如果发现缺陷，则必须予以纠正。建筑完成验收之日，意味着承包商有权要求支付报酬；建筑物的风险从承包商转移到开发商，承包商不再承担风险；完成验收之日也是承包商质量担保期限的起算点；验收完成还意味着瑕疵举证责任的转移，验收之前承包商有义务证明建造物不存在瑕疵，验收之后开发商认为存在瑕疵的，须自行承担举证责任。

可以看出，德国侧重于专业人员和专业机构实施市场监管，相对应地，对于第三方的准入、监管和失职处罚都较为严苛，但可能存在第三方相关审查标准不一致等现象。审校师代表政府行使审查权（还包括施工过程的监督权，德国政府不对施工过程进行监督，也委托审校师），拥有相当大的权力，可以直接否定设计成果。审校师对设计标准有解释权，而除此以外的人士没有这项权力。审图是否通过，完全由审校师根据经验决定，而无类似我国的强制性条文。同时，德国的验收转移制度也值得我国借鉴，便于进一步厘清施工单位、建设单位和使用单位的消防安全责任。

目前，在德国，私人火灾保险公司的地位不再那么重要，仅有少数专门的保险公司提供单独的火灾保险。对于房产持有者，购买的住房保险已经包含了火灾险。保险福利金通常涉及消防队投入、灭火费用、被火灾损伤的动产的费用、再修缮支出、拆卸费用、清理费以及火灾发生后的旅馆住宿费用。住房保险支付是因冰雹、风暴、管道水、爆炸爆聚（内爆）、管道破裂、雷击及火灾所造成损失的费用。可以看到，建筑火灾保险在德国的许多地区是强制险和垄断险。除了有利于参保人之外，消防设备的购置和支付灭火费用，也促进了该地区消防事业的发展。

4.2.3 法国

建筑和设计单位首先向所在市镇长提交申请，然后交省安委会审议。省安委会先提请由国家认可的私人建筑审议公司，按国家规范先行审核，合格后再开会研究，并报省专员最后审批。消防部门在安全检查和建筑防火审核方面只是配合协助安委会开展工作，不是具体负责部门。建筑施工、审批和安全验收，都要经过市长的签字同意，对各企业的消防安全检查和灭火实地演练也要经过省专员或市长的同意。在法国，《建筑职责与保险》明文要求，对建筑领域的所有单位，包括建设单位、勘察设计单位、施工单位、材料生产厂家、质量检测公司、质量监督检查公司等各单位，以及设计师、建造师、建筑师等人员，均须向保险公司投 10 年的工程质量责任保险，为强制工程保险。为降低风险，在项目建设过程中，保险公司会委托一个质量检查公司，协助承包单位对质量进行检查，对工程质量进行监督控制。《斯比那塔法》的建筑工程质量保证保险分为两部分：一是参与建筑工程项目的所有单位必须投保 10 年期的责任保险；二是建设单位则需对 10 年期内建筑工程可能出现的内在结构缺陷进行投保。

可以看到，法国是由专业第三方进行过程质量控制，但第三方监管是由保险驱动。法国工程质量协会也通过数据科学分析质量水平以引导行业的健康发展。

4.2.4 西班牙

西班牙建筑工程质量保证保险的保费分成两部分交付：第一部分在建筑开工前，依照工程规模和风险系数，保险公司预先收取 20%～30% 的保费；第二部分在施工完成后，先由保险公司联合第三方质量检测部门对整个工程项目进行验收，对不符合承保要求的完工建筑工程不予承保，并不退还已交保费，对通过验收的建筑工程收缴剩余 70%～80% 的保费，保单开始生效。可以看到，不同于我国对建筑使用单位实施的火灾保险，西班牙致力于推动建筑质量以提升设置保险类别。

4.2.5 英国

对于产品质量监管，英国标准协会（BSI）制定并发布相关的国家标准，监管机构通过随机抽样的方法，依据英国标准（如 BS 8414 和 BS EN 13501-1）进行防火性能测试，确保其符合国家标准。此类抽查和检验在全国范围内进行，以保障市场上销售的建筑材料符合规定。英国产品安全和标准办公室与地方交易标准部门共同负责这些活动，确保市场上销售的建筑产品符合防火性能要求。对于制造商和销售商，如果存在违规行为，监管机构可以依据《建筑产品法规》和《建筑安全法案》采取多种具体的处罚措施。对于检测机构，如果未能按要求进行检测或存在虚假检测行为，资质认定部门有权吊销其资质，禁止其继续开展检测业务，并对直接责任人员进行惩处。

在申请和验收阶段，强制要求由场所的管理人、责任人实施火灾危险评估，各类场所的管理人员首先应向消防部门提交有关的火灾风险评估资料和拟订采取的消防安全措施；收到相关资料后，消防部门经过审查，针对申请材料中不符合规定的部分应当提出适当的修改意见，必要时可以要求场所的管理人、责任人采取相应的行动，如重新评定火灾风险、采取更合理的消防安全措施等。管理人、责任人应按照经消防部门审查同意的消防安全方案采取相应的行动。

在全流程监管工作中，最值得我国借鉴的是英国，其在施工和使用领域的监管过程中，都制定了定期检查制度。如在施工阶段，建筑控制部门负责定期对施工现场进行检查，核查施工是否按照批准的设计方案和防火标准进行；在使用阶段，地方政府通过其建筑控制部门定期检查建筑物，确保其防火措施和材料持续符合《建筑法规》和其他相关标准。

4.2.6 日本

日本具有中央集权的特点，其监管模式既存在政府强势管理模式，也存在市场管理机制和行业诚信管理机制。日本地方政府建设官员及指定机构，通过设计审查（相当于建设许可）、施工中期检查、竣工验收检查、使用阶段定期检查、检查人员登记等手段进行监管。在日本，业主任命建筑师/工程师进行设计和施工监督检查。要求建设单位聘请专业人士共同开展建筑材料防火质量工程阶段监管，是我国可以探讨借鉴的新思路。2009年10月1日起实施的强制保险/押金制度，包括了房屋营销商的责任，也推动了各方责任的落实。

4.2.7 新加坡

新加坡的建设工程材料监管实行自行管制制度。首先，由专业人士自行声明并确保设计图纸符合所有防火规范要求，在设计图上签章说明其设计是依据防火规范设计的，消防安全与防空处只对一些重要的内容进行审查。然后，由民防部队下设的消防安全与防空处的设计图审批与咨询科通过电脑随机抽取一定比例的工程进行设计图纸的详细审查，以保证自行管制制度落到实处。新加坡的建设工程消防验收实行的是注册检查员制度，消防工程验收由合格注册检查员进行。合格注册检查员的资格需要由新加坡国家发展部有关部门批准。对合格注册检查员同样实行自行管制制度，对完工的工程由建设单位聘请合格注册检查员进行消防验收，合格注册检查员对验收的工程要提交验收报告。消防安全与防空处的执照与执法科在所有验收的工程中随机抽取一定比例的工程进行详细验收，并负责发放临时防火安全证书、防火安全证书。全部建设工程的消防监督管理实行类似我国的备案抽查制度。新加坡在建设工程的监督检查方面，对饭店、办公楼、购物中心、医院、剧院等公共建筑和使用人数不少于200人的建筑实行防火证书制度。由业主聘请专业人士对其进行检查并出具一份检查报告，出具合格检查报告后由消防安全与防空处发放防火证书。

对比发现，新加坡大力推进自行管制制度，无论对于设计阶段还是验收阶段，没有区分特殊工程和一般工程，政府监管部门的监管比例较低，且缺少施工阶段的政府监管。但在使用阶段，要求第三方机构定期开展检查并出具相应文件，由政府部门发放证书的做法有利于加强使用领域建筑材料的监管。

4.3 国内外火灾保险制度对比研究

在建筑行业中,保险是非常重要的一项保障措施。建筑材料产品作为建筑过程中不可或缺的一部分,同样也需要进行保险保障,以确保建筑材料在生产、运输和使用过程中的安全和质量。常见的建材产品保险类型有以下几种。

(1) 质量保证保险

建筑材料产品在生产和运输过程中可能会出现质量问题,质量保证保险可以保障建筑材料产品在使用过程中的质量问题,确保产品符合相关标准和要求。

(2) 运输保险

建筑材料产品在运输过程中可能会受到损坏或丢失,运输保险可以保障建筑材料产品在运输过程中的安全,对于损坏或丢失的建筑材料产品进行赔偿。

(3) 火灾保险

建筑材料产品在仓库或工地中可能会发生火灾,火灾保险可以保障建筑材料产品在火灾中的损失,对于受损的建筑材料产品进行赔偿。

(4) 盗窃保险

建筑材料产品在仓库或工地中可能会遭受盗窃,盗窃保险可以保障建筑材料产品在盗窃事件中的损失,对于被盗的建筑材料产品进行赔偿。

(5) 自然灾害保险

建筑材料产品在自然灾害如地震、洪水等情况下可能会受到损坏,自然灾害保险可保障建筑材料产品在自然灾害中的损失,对于受损的建筑材料产品进行补偿。

与建筑材料全生命周期管控关系最为紧密的是火灾保险。在前期建筑材料防火性能质量监管、设计监管、施工监管及审查验收监管的过程中对于建筑材料的关注点在于其质量,而在建筑的使用阶段监管,更多的是关注提高建筑安全性。显然,火灾保险在消防安全管理和提高建筑消防安全等方面能够发挥重要作用。

火灾保险承保的就是保险标的可能发生火灾的风险,投保人为了转移和分散火灾损害的风险,寻求规避风险转移或补偿损失的途径,向保险人订立火灾保险合同,在发生意外火灾事故造成损害时,请求保险人予以经济补偿的一种保险。

4.3.1 火灾险种

在我国众多的保险品种中,并没有独立的火灾保险,而是包含在财产保险之中。尽管自 2006 年开始,我国在一些地方试点,推行了火灾公众责任保险,但是,该险种的推行情况不容乐观。

在国外,不但有独立的火灾保险,还有火灾再保险;不但有火灾直接损失的保险,还有间接损失的保险;不但有财产保险,还有人身保险等。

4.3.2 费率厘定

我国火灾保险费率的厘定基本上未考虑保险标的实际的火灾风险状况,缺乏科学的风险评估体系，更没有基于风险等级的浮动费率手段。所以，保险费率作为经济杠杆的作用没有得到充分发挥，难以调动投保者主动降低风险的积极性。例如，中国人民保险公司主要经营企业财产保险、家庭财产保险和涉外财产保险3个险种。企业财产保险业务分为工业险、仓储险和普通险3大类，每一大类又按照财产的风险性质和发生的概率，分为13个子类。家庭财产保险实行的是区域范围内的统一费率，在具体业务区域内，实行无差别费率，费率的标准在0.2%～0.5%之间。涉外财产保险的费率与企业财产保险类似，也分为工业险、仓储险和普通险3类，但相比之下费率水平略高。

我国在推行火灾公众责任保险时，保险费率厘定是基于建筑规模的，而并非基于综合的风险评价。有些保险费率厘定是基于该建筑发生火灾的历史记录，而不对目前的火灾风险进行全面的评价；还有的费率厘定是完全来自原来已有的财产保险的费率。

相比之下，国外保险公司主要运用其风险评价体系和费率杠杆，敦促投保企业主动降低火灾风险。在欧美、日本、新加坡等国家和地区，保险业已经形成了一套自有的风险评价体系，通过对参保企业的风险评价，提供相应的评价结果，显示企业的安全水平。在费率确定方面，它在科学评估的基础上来确定基本的费率，而且明确提出，如果采用先进的火灾防治的措施，保险费率就可以降低，这样火灾保险和建筑消防安全就有了密切的结合。例如，安装了自动喷淋系统的项目，可以获得20%以上的费率优惠。相反，企业若未能按要求降低风险，则保险公司有权提高保险费率或终止合同。通过运用保险费率这一杠杆，调动企业增加消防投入、主动降低风险的积极性。

4.3.3 保险制度

在我国的法律法规中，没有火灾公众责任保险强制性条款，如《中华人民共和国消防法》第三十三条规定鼓励和引导投保火灾公众责任保险。各省（市、自治区）消防条例也无强制性条款，如《上海市消防条例》第四十二条、《重庆市消防条例》第五十条规定，根据国家的有关规定和消防安全需要投保火灾公众责任保险；《北京市消防条例》第三十八条、《福建省消防条例》第三十五条也只明确鼓励、引导投保火灾公众责任保险。

目前，经济发达国家和地区普遍运用市场化风险转移机制处理突发公共事件，其中伤亡人员的赔付主要由保险公司承担。如日本、韩国、俄罗斯、瑞士、英国等国家都规定，公共场所实施包括火灾责任的公众责任强制保险制度。我国台湾地区所有公众责任保险均为强制保险。

4.3.4 监督管理

目前我国保险业发展迅速，但是，相关技术标准的完善却相对落后。有些公司，片面追求保费高速增长、市场份额扩大，却忽视了承保前风险评估以及承保后的监督管理。有的保险公司为了完成任务或获取更多的优惠条件，甚至为了争抢客户，放松投保条件，不顾保险标的的风险程度，一味压低保费，使得保险费率调节火灾风险的杠杆作用丧失，使保险的社会管理职能得不到发挥。致使一些明显存在重大火险隐患的单位还能安然处在"保险"的庇护之下。一旦发生重大火灾，保险公司的赔付损失巨大。

欧美、日本和新加坡等国家和地区的保险业建立了承保前的火灾风险评估、承保后的防灾防损服务等一整套火灾保险工作机制，还开展了预防火灾的技术研究，充分发挥了保险费率的经济杠杆作用，督促指导保险客户整改火灾隐患。通过对参保企业的火灾风险评估，定期主动地组织消防安全检查，督促投保人做好消防工作，以降低火灾风险，提高企业的消防安全水平。

4.3.5 消防经费

我国消防经费完全依赖国家和地方政府预算拨款，导致政府负担很重，公共消防设施、消防装备、消防队伍建设等严重滞后于经济和社会发展的步伐。

而国外保险业通过直接缴纳消防税，为政府分担消防经费，保证消防经费的充足。国外许多发达国家和地区消防经费充足，社会消防安全保障程度很高，一方面得益于它的经济发达，另一方面也因为它的消防经费来源多元化。德国、英国、澳大利亚等许多发达国家在消防经费方面，除政府财政拨款、企业自筹以外，还有一个很重要的资金来源——向保险公司和纳税人征收"消防税"，税收的收入直接用于消防经费的投入，故此能够达到较高的社会消防安全保障程度，实现更高的消防安全目标。

4.4 国内外处罚的对比研究

4.4.1 罚款额度

我国相关法律法规规定，生产、销售不合格的消防产品或者国家明令淘汰的消防产品的，应从重处罚。特别是人员密集场所使用不合格的消防产品或者国家明令淘汰的消防产品的，罚款额度在5000元以上50000元以下，直接负责的主管人员和其他直接责任人员并处500元以上2000元以下罚款。生产者、销售者在产品中掺杂、掺假，以假充真，以次充好或者以不合格产品冒充合格产品，罚款额度取决于销售金额，最高为销售金额百分之五十以上二倍以下，或者没收财产。相对而言，国外对于假冒伪劣产品的处罚额度更高。以美国为例，使用假冒商标时，对个人的罚款额度是200万美元，对其他主体的罚款额度是500万美元。其他国家，如英国的处罚金额根据违规行为的严重程度和对公众安全的影响，从数千英镑到数百万英镑不等。在日本，如果个人侵犯商标权，处罚额度是1000万日元，公司代表或雇员以公司名义进口或销售假冒产品，处罚额度达3亿日元。在新加坡，被发现持有或供应假冒商品，处罚额度是10万美元。

4.4.2 处罚措施

目前，我国对于生产、销售不合格消防产品的处罚措施主要为罚款，情节严重的，责令停产停业，同时将相关信息通报给市场监管部门，由其对生产者、销售者依法查处。对于生产、销售其他不合格产品的生产者、销售者，除罚款外，还有有期徒刑、拘役或者无期徒刑等处罚措施。

在美国、英国、法国、日本、新加坡等国家，罚款仅是较轻的处罚措施，在使用假冒商标、发现持有或供应假冒商品时，还会被处以监禁，强制要求制造商或销售商召回不合格产品，停止销售并从市场上撤回已销售的产品等多项处罚措施。

4.4.3 国外处罚情况借鉴

在国外，鲜有假冒伪劣产品，这显然与其严苛的处罚密切相关。一件不合格产品或一件劣质建筑材料在整栋建筑中虽小，但其累积产生的后果却是非常严重的。因此，为杜绝假冒伪劣产品，我国可借鉴国外的相关法律法规。

4.4.3.1 提高罚款额度

美国、英国、日本、新加坡等国家通过实施高额罚款，有效地威慑了违法行为，同时也为受害者提供了充分的赔偿。国外发达国家往往采取高额的处罚震慑生产者和消费者，杜绝生产和使用不合格的产品。鉴于此，我国可以根据经济发展，酌情考虑提高罚款额度。

4.4.3.2 完善赔偿制度

在美国、新加坡等国家的产品责任法律体系中，明确提出高额的惩罚性赔偿制度，其对于提高产品安全性、惩罚恶意违法行为具有一定的积极作用。这一制度的设计旨在通过经济制裁来惩罚那些故意或过失造成产品缺陷的生产商，从而起到威慑作用，保障消费者权益，其核心思想是通过经济手段提高产品质量。这对于我国来说，具有一定的参考价值。

4.4.3.3 增加强制报告

欧盟、美国要求消费品制造商、进口商等在遇到特定情形时立即报告，包括产品存在缺陷等，以确保消费者安全。这一制度通过监管部门与企业共同进行产品危险分析、制定补救方案等措施，从而最大限度地保障消费者利益。报告的后续处理措施还包括实施召回、制定消费品安全规定、颁布消费品安全标准、刑事民事处罚、受害人赔偿等。这种强制报告制度对于提高产品质量、保证建筑材料防火性能具有重要意义，值得我国学习和借鉴。

参考文献

[1] 何鹏飞，高虎，侯佳．建筑外墙保温材料防火性能分析［J］．居舍，2024（15）：26-29．
[2] 刘加超．试论建筑防火材料的发展现状及改进对策［J］．水上安全，2023（16）：121-123．
[3] 刘建志，刘驰宇，陈现景，等．可燃级保温材料薄抹灰外墙保温系统建筑防火性能研究［J］．工业建筑，2023，53（S2）：732-735．
[4] 李晓丽．高层民用建筑室内装修防火设计应注意的问题探析［J］．消防界（电子版），2023，9（19）：117-119．DOI：10.16859/j.cnki.cn12-9204/tu.2023.19.037．
[5] 刘晓玫．外墙外保温系统防火性能提升策略［J］．今日消防，2023，8（5）：97-99．
[6] 王奋．消防防火监督检查工作现状及对策研究［J］．消防界（电子版），2023，9（8）：78-80．DOI：10.16859/j.cnki.cn12-9204/tu.2023.08.013．
[7] 李晓彤．城市防火监督工作存在的问题及解决方法研究［J］．今日消防，2023，8（11）：79-81．
[8] 谢八和．浅析民用建筑内电影院的消防设计审查验收监督管理［J］．广西城镇建设，2021（12）：97-99．
[9] 张永南．防火监督工作的创新思路分析及具体措施探究［J］．今日消防，2020，5（11）：115-116．
[10] 王兆超．高层建筑防火监督检查要点分析［J］．今日消防，2020，5（7）：47-48．
[11] 乔玲．我国建筑性能化防火设计体系现状及发展分析［J］．安防科技，2009（8）：52-54．